VOYAGE MÉDICAL

DANS

L'AFRIQUE SEPTENTRIONALE

OU

DE L'OPHTHALMOLOGIE

CONSIDÉRÉE

DANS SES RAPPORTS AVEC LES DIFFÉRENTES RACES.

VOYAGE MÉDICAL

DANS

L'AFRIQUE SEPTENTRIONALE

ou

DE L'OPHTHALMOLOGIE

considérée

Dans ses rapports avec les différentes races.

CONTENANT :

1° L'histoire, les mœurs, la constitution physique et morale des différentes races qui habitent l'Afrique française ; 2° Des considérations
anatomiques et physiologiques sur l'œil, suivant les races ; 3° Les causes,
la nature et le traitement des maladies oculaires qui règnent en Afrique ;
4° L'indication des moyens hygiéniques et thérapeutiques pour prévenir
ou guérir ces maladies.

SUIVI

D'UNE APPRÉCIATION ANALYTIQUE DE LA MÉDECINE CHEZ LES ARABES.

Par le Docteur S. FURNARI,

CHEVALIER DE L'ORDRE ROYAL DE LA LÉGION-D'HONNEUR ET DU MÉRITE CIVIL DE FRANÇOIS Ier,
DES DEUX SICILES, MEMBRE DE L'ACADÉMIE ROYALE DES SCIENCES DE NAPLES,
DE LA GIORNIA DE CATANE, DE LA SOCIÉTÉ DE MÉDECINE DE
PALERME, DE MARSEILLE, ETC., ETC.

العين الانسان نفسه

L'œil c'est l'homme même.
(Proverbe Arabe).

PARIS

Chez J.-B. BAILLIÈRE, rue de l'École-de-Médecine, 17.

A l'imprimerie de LACOUR et Cie,
Rue St-Hyacinthe-St-Michel, 33.

1845

INTRODUCTION.

Les savants qui accompagnèrent nos soldats en Égypte n'ont pas seulement accompli pour leur époque une mission utile et féconde en bons résultats; ils ont encore, et cela surtout doit être signalé par l'histoire, marqué une ère nouvelle en donnant à la conquête le véritable caractère qu'elle aura désormais parmi les nations civilisées. La conquête, en effet, ne paraîtra plus un fait violent produit par l'ambition particulière de tel ou tel peuple, quand on lui reconnaîtra pour but principal, celui d'ouvrir un champ nouveau à la civilisation et aux pacifiques explorations de la science, dont les progrès sont l'intérêt de tous.

Le peuple, qui a de si grandes raisons de garder la mémoire de cette immortelle expédition d'Egypte, pouvait, moins qu'un autre, se montrer infidèle au glorieux précédent qu'elle a posé. Aussi, dans l'Algérie, l'exploration scientifique a suivi l'occupation militaire; une commission composée d'hommes éminents a scruté avec zèle, au profit de l'érudition et de la science, une contrée aussi nouvelle pour l'Europe que l'était l'Egypte en 1798, et également intéressante à étudier, quoiqu'elle ne se recommandât pas à la curiosité par le prestige d'un passé aussi mystérieux.

Il faut d'ailleurs considérer ici que l'Algérie n'est plus seulement un pays à étudier pour la science seule; il y a maintenant nécessité de le connaître pour lui-même, pour ses habitants, si différents de races et d'origine, pour la France, en un mot, qui se l'approprie définitivement. En se plaçant à ce double point de vue, on pourra se convaincre qu'il y a deux sortes d'études à faire, deux classes de travaux à entreprendre sur l'Algérie; les uns spéculatifs, nous voulons dire dont le seul but direct est d'ajouter pour le momei : au domaine de nos connaissances, les autres pratiques et d'une utilité immédiate ; ceux-là dans l'intérêt général de la science, ceux-ci dans l'intérêt spécial d'une bonne colonisation.

C'est à cette dernière classe que se rapporte le travail que nous publions, où nous avons consigné les résultats des études auxquelles nous nous sommes livré dans la mission que nous venons de remplir en Algérie. Il fera suite à nos précédentes publications sur l'ophthalmologie, non seulement, parce que le sujet en est le même, mais encore parce que nous nous sommes attaché, autant qu'il était possible, à y conserver le même mode dans le classement et la distribution des matières. Au reste, les mêmes affections , considérées dans un autre pays et sous d'autres conditions de climat, de température et de vie matérielle, présentent d'assez notables différences pour que nous ayons pu trouver encore un vif intérêt dans ce nouveau travail; serons-nous assez heureux pour que le public en juge de même?

Mais un autre intérêt sur lequel nous osons

compter, c'est celui qu'on accorde volontiers à tout travail qui détruit, ou du moins atténue par des preuves de fait, les allégations si exagérées et si longtemps reproduites par le parti opposé à la colonisation. Certes, il ne faudrait pas avoir mis le pied dans l'Algérie et vu ce qui s'y passe, pour douter encore que la France garde définitivement sa conquête ; cela ne fait plus question ; mais c'est précisément parce qu'on est fixé sur ce point capital qu'il importe d'effacer les impressions funestes qui sont restées de tout ce qu'on a publié sur l'*irrémédiable insalubrité* (1) d'un pays où notre activité nationale, si rien ne

(1) Les partisans de l'abandon de la colonie, sont plus nombreux et plus influents qu'on ne le croit ; l'insalubrité du sol africain est encore un de leurs thèmes favoris : le passage que nous citons ici ne date que du 1er mars 1843, il est extrait d'un article qui a reçu une double publicité dans le journal *La Nation* et dans la *Gazette de France*... ; « des hommes (on « parle des partisans de la colonisation) à imagination ardente, « qui ne tiennent pas compte des larmes et du désespoir des « familles dont les enfants vont périr de soif et de *maladie*, « sur cette terre *insalubre*, inhospitalière et mortelle. » COR- DIER, député du Jura. On pourrait citer également la *Philippique*, publiée en 1844, par M. Desjobert, le plus constant adversaire de la colonie Africaine.

vient la paralyser, peut déve!opper en peu de temps une puissance et une prospérité merveilleuses. Fort de ce que nous avons vu, nous voudrions pouvoir stimuler de toute l'énergie de nos convictions cet élan si nécessaire à tout ce qui commence et surtout à une colonie naissante. Non, il n'est pas vrai que cette portion de l'Afrique, occupée par nos armes et si peuplée à diverses époques, soit devenue inhabitable pour les Européens. Les maladies y ont comme ailleurs leurs causes connues, souvent indépendantes du climat. La fièvre et la dyssenterie, qui ont fourni tant de sinistres arguments aux antagonistes de la colonisation, n'y résisteraient pas à une médication convenable; un régime hygiénique sagement entendu les préviendrait le plus souvent. Quant à l'ophthalmie qui serait, suivant eux, inévitable et presque universelle en Algérie, nous reconnaissons qu'elle y est très fréquente, mais on verra dans ce travail, et c'est là notre remarque la plus décisive, qu'elle est plus commune et plus opiniâtre chez les indigènes et particulièrement chez quelques unes de leurs races que chez les colons.

Sans entrer dans des raisons de détail, car ceci n'est point une discussion, nous dirons que les moyens prophylactiques, les méthodes curatives nouvelles produisent leurs bons effets, même en Afrique; prudemment modifiées, elles rendraient le climat de l'Algérie presque aussi salubre aux Européens que celui de leur pays natal. C'est pourquoi nous voudrions, en vue d'une prompte et bonne colonisation, que les savants, restreignant quelquefois leurs travaux pour les rendre plus tôt utiles, fissent pour diverses parties de l'art ce que nous avons fait pour l'ophthalmologie. Ainsi serait préparée et sans doute promptement amenée la solution de plusieurs graves difficultés que renferme encore la question sanitaire de l'Algérie.

Quoiqu'il en soit de l'importance de notre travail, sur laquelle il ne nous convient pas d'insister, il est un mérite dont nous espérons qu'il nous sera tenu compte, c'est d'avoir, le premier parmi les modernes, traité des maladies des yeux chez les races africaines. A peine ces maladies ont-elles fourni le sujet de quelques lignes aux voyageurs qui ont parcouru diverses parties de l'Algérie : quant aux chirurgiens militaires , ils n'ont rédigé que des mémoires où les questions de médecine et de chirurgie sont traitées au point de vue général; et pour ce qui est des médecins indigènes , excepté leurs méthodes pour les blessures d'armes à feu, les appareils à fracture, etc., dont nous apprécierons plus tard la valeur thérapeutique, nous n'avons rencontré, dans l'exercice de l'ophthalmologie, que des empiriques , des fanatiques et des charlatans. Voilà les successeurs de ces anciens Arabes, si avancés dans toutes les connaissances au ixe et au xe siècles, la période la plus obscure pour tout l'Occident; de ces hommes qui ont créé l'algèbre et par qui Aristote nous est parvenu; de ces praticiens qui, dans leurs commentaires d'Hippocrate et de Galien, ont décrit des maladies et des systèmes inconnus aux médecins de l'antiquité; de ces savants enfin qui n'avaient pas plus négligé la médecine et la chirurgie que les autres sciences, et s'étaient spécialement occupés de l'étude et du traitement des maladies des yeux. D'autres hommes célèbres, les

Honaïn, les Jésus-Ali, les Averrhoès, les Camanusali, les Issa-Ben-Ali, les Ibnu-Zohar, avaient même illustré cette branche de l'art, soit que l'appréciant en elle-même, ils l'aient jugée une des plus importantes, soit qu'elle leur ait paru telle en raison de la fréquence et de la gravité des ophthalmies qui sévissent dans leur pays.

Notre tâche, au moment où nous arrivâmes en Afrique, s'offrait donc à nos yeux, tout à la fois, comme une lacune à remplir dans l'histoire de la science moderne et comme une étude à faire dans l'intérêt sanitaire de la colonie.

On nous permettra de citer ici un passage de la lettre que Monsieur le Ministre de l'Instruction publique avait bien voulu nous adresser. Les termes en sont trop flatteurs pour nous, peut-être, mais ils déterminent d'une manière aussi claire que précise ce double caractère de la mission qui nous était confiée.

« Un travail important que je communique-
» rai à Monsieur le Ministre de la guerre pour-
» rait être ainsi accompli dans l'intérêt gé-
» néral de l'armée et de la population ; ce

» double résultat serait digne de vos précé-
» dents travaux, et je ne puis que vous invi-
» ter, monsieur, à compléter une œuvre aussi
» utile. »

C'est maintenant au public à juger si notre zèle, excité par de si honorables encouragements, y a suffisamment répondu.

Avant de terminer, nous regardons comme un devoir de témoigner publiquement notre reconnaissance à nos confrères qui, dans toutes les villes que nous avons visitées, se sont montrés empressés à nous seconder de tout leur pouvoir. Si nous pouvons nous flatter de quelque succès dans cette mission, une bonne part doit en être attribuée au concours obligeant des officiers de santé et surtout des médecins en chef des hôpitaux et des camps. Nous avons également à remercier les autorités civiles et militaires dont l'aide et la protection ne nous ont jamais manqué; dans plusieurs circonstances, leur appui nous a même été accordé avec les formes les plus honorables. Faut-il ajouter que de grands moyens de recherches et d'observations avaient été mis à notre disposition par la bienveillance de Messieurs les Ministres de la guerre et de l'Instruction publique? En un mot, rien n'a été épargné pour nous mettre dans le cas d'atteindre notre but.

Peut-être, à juger notre travail suivant sa valeur scientifique absolue, paraîtra-t-il peu digne de figurer à côté des doctes recherches qui nous ont été transmises par les anciens Arabes ; mais il a été exécuté avec la même conscience, c'est du moins ce que nous pouvions imiter d'eux, et nous nous sommes efforcé de le mettre en rapport avec les progrès de notre époque. Aucun livre, ni traité moderne, ainsi que nous l'avons dit, ne pouvant nous servir de guide, nous n'avons pas vu à travers les opinions d'autrui les faits consignés dans cet ouvrage, et nous sommes loin de nous plaindre de la nécessité qui nous obligeait à tout observer directement.

Fidèle à l'ordre adopté pour nos précédents travaux, dans lesquels nous avons considéré l'ophthalmologie d'après les différentes professions, nous l'avons étudiée en Afrique d'après les différentes races. Mais bien que cette division nous mît sur le chemin d'observations

très curieuses relatives aux mœurs et aux caractères physiques des divers peuples qui
vivent sur la terre d'Afrique, nous avons résisté au plaisir de ces descriptions, autant
pour ne pas excéder les bornes prescrites à
notre travail, que pour laisser entière cette
autre tâche assignée par la commission scientifique de l'Algérie à un savant laborieux qui
est dans d'excellentes conditions pour la bien
remplir.

Une fois ce fait reconnu par nous, que
chez les diverses races, les maladies des
yeux font plus ou moins de ravages et produisent des phénomènes consécutifs plus ou moins
variés suivant les causes qui les déterminent,
nous avons divisé notre travail en plusieurs
chapitres, en raison des différents peuples
qui habitent l'Afrique.

A la description des caractères généraux
de l'ophthalmie d'Afrique et des maladies consécutives, nous avons ajouté l'historique suc-
cinct de l'épidémie ophthalmique qui a régné
à Alger, à Constantine, à Philippeville, etc.,
et des maladies générales qui l'ont accompagnée. Tout en exposant le plus brièvement

possible la partie chirurgicale , nous avons
cependant donné les résultats des nombreuses
opérations que nous avons pratiquées parmi
les indigènes, de même que la description et
l'appréciation sommaire des méthodes qui ont
été employées. Des paragraphes spéciaux sont
consacrés à l'étude des différentes races qui
habitent le Nord de l'Afrique , à des considérations anatomiques et physiologiques de l'œil
chez les indigènes ; à l'étiologie de l'entropion,
de l'hydrophthalmie et de l'exophthalmie si
fréquents en Afrique ; aux causes de la rareté
de l'amaurose, de la myopie et de la cataracte
dans ce pays, à l'indication des moyens hygiéniques propres à prévenir ou à diminuer les
cas d'ophthalmies ; enfin, à l'exposé des notions générales de la médecine et de la chirurgie modernes parmi les Arabes.

Tant de matières que nous avons touchées
n'ont pu nécessairement , dans un cadre si
restreint , recevoir tout le développement
qu'elles comporteraient. Aussi, dans notre
opinion même, nous n'avons fait que poser la
première base d'un travail dont l'achèvement
appartiendra aux médecins de la colonie.

VOYAGE MÉDICAL

DANS L'AFRIQUE SEPTENTRIONALE

ou

DE L'OPHTHALMOLOGIE,

CONSIDÉRÉE DANS SES RAPPORTS AVEC LES DIFFÉRENTES RACES.

CHAPITRE PREMIER.

ARABES.

§ I.

HISTORIQUE. — MŒURS. — CARACTÈRES PHYSIQUES ET MORAUX, ETC.

Si c'est une vérité reconnue de tout le monde que la religion d'un peuple influe puissamment sur ses mœurs et sa manière de vivre, il est également incontestable que celles-ci n'influent guère moins, à la longue, sur son organisation physique. On ne sera donc pas surpris, qu'ayant à parler de plusieurs races longtemps oubliées et peu connues encore parmi nous, même après notre conquête, nous commencions par quelques lignes d'histoire un travail dont le but est purement médical

Quoique notre dessein soit de comprendre dans

ce chapitre toutes les races qui forment la population indigène de l'Afrique française, nous nous
occuperons plus particulièrement de la race Arabe,
qui l'emporte de beaucoup sur toutes les autres par
le nombre, par l'activité et par l'intelligence. Sans
doute il ne faut rien exagérer; sous ce dernier rapport même, elle a beaucoup perdu depuis l'époque
où elle apportait ses sciences et donnait sa civilisation à une partie de l'Europe; mais quant aux
mœurs et aux croyances, elle a fort peu changé;
elle n'a point ou presque point dégénéré de ses
principaux caractères physiques et moraux. Depuis
quatorze ans que nous occupons le sol de l'Algérie,
c'est avec elle que nous avons eu le plus à compter
et c'est évidemment sur elle que nos institutions
doivent prod ire les plus heureux effets. En un
mot, c'est encore une race privilégiée, digne par
conséquent d'une étude spéciale et approfondie.

On sait que les Arabes ne sont pas originaires
d'Afrique; ils y sont arrivés en conquérants vers
la fin du vii° siècle. Qu'ils soient descendus d'Abraham en ligne directe et légitime comme les juifs,
ou seulement sortis de la branche proscrite d'Is-
maël, c'est un point de discussion sans intérêt aujourd'hui, même pour ces deux peuples, devenus
si différents de mœurs et de types. (1)

(1) M. Guyon attribue à la race arabe une origine persane, à cause de
a minceur notable des os du crâne chez les deux peuples.

Nous trouvons les arabes établis, ou pour mieux dire, campés de toute antiquité dans le pays d'où ils tirent leur nom, vaste presqu'île, bornée à l'orient par le golfe persique et la baie d'Ormus, au couchant par la mer Rouge, l'Isthme de Suez, la Terre-Sainte et une partie de la Syrie ; au midi par le détroit de Bab-el-Mandeb et l'océan Indien, au septentrion par l'Yrac, le Kurdestan et la Turquie d'Asie. C'est là que moitié pasteur, moitié brigand, souvent envahisseur et échappant lui-même aux invasions des autres peuples par son existence vagabonde, et par l'heureuse infécondité d'un pays sablonneux, l'arabe s'est acquis un nom déjà célèbre dès l'époque qui ouvre les temps historiques. Jusque là cependant on ne voit pas que cette nation brille par le genre d'ambition qui a rendu fameux les grands peuples de l'antiquité. On parle de ses rapines, des immenses richesses qui en sont le fruit, mais non de sa gloire militaire. Avide et audacieuse, elle inquiète ses voisins par de continuelles excursions sur leurs terres, elle fait du butin, mais elle ne fait pas de conquêtes. On la voit au contraire, après chaque exploit, ou plutôt chaque coup de main, se replier sur elle-même, et se reposer des fatigues du brigandage dans les paisibles travaux de l'esprit et dans le calme de la vie contemplative.

Il était réservé à Mahomet de donner à ce peuple une impulsion qui semble avoir changé du tout

au tout son caractère national, mais qui lui créa
certainement une destinée toute différente de celle
dont il s'était contenté si longtemps; *le jour de
l'Arabie à la fin est venu,* a dit Voltaire pour ca-
ractériser ce brusque changement. L'arabe à son
tour va se répandre sur le monde, mais pour y ré-
gner cette fois et le soumettre à son glaive, à son
intelligence, surtout à sa religion. La passion ins-
pirée par le prophète guerrier à ses farouches dis-
ciples, fut principalement une furie de prosélytis-
me. En moins d'un siècle ces sectaires partis de
Médine et grossis de proche en proche avec une
rapidité prodigieuse, s'étaient répandus au loin en
Asie, en Afrique, et dans plusieurs grandes contrées de l'Europe. C'est un flot de ce vaste torrent
qui apporta l'islamisme dans l'Afrique septentrionale avec les arabes. Quoique les diverses variétés
de la race arabe de l'Afrique soient de la même
origine, le temps a établi entre elles quelques
distinctions souvent assez importantes, et le nom
d'*Arabes* a été conservé particulièrement à ceux
chez qui le naturel, le mode d'existence et le
type primitif, ont éprouvé le moins d'altérations.

Chez l'Arabe essentiellement religieux, contem-
plateur et même poète, cette ardeur de prosélytis-
me dont nous venons de parler, ne va plus jusqu'à
le faire sortir des contrées où la réaction des peuples chrétiens l'a refoulé depuis longtemps. Par

son inertie ou sa faiblesse, il est rentré dans presque toutes les conditions de son existence primitive, et redevenu d'autant plus semblable en Afrique, à ce qu'étaient ses ancêtres en Arabie. Du
reste, toujours très attaché à sa foi, surtout dans
le Maugreb, où la guerre vient d'appeler notre armée, il a fidèlement conservé ses mœurs, ses habitudes, ses préjugés, en un mot tout ce qu'une
croyance telle que l'islamisme, maintient et immo-
bilise. Quant à celles de ses traditions qui semblent
moins dépendre de sa religion, elles sont défen-
dues et protégées par son organisation politique
et par sa position topographique. L'Arabe en est
resté à la tribu, cette forme des sociétés primitives.

L'état de barbarie où se trouvent actuellement
les populations indigènes du nord de l'Afrique,
reconnaît donc deux grandes causes l'une religieuse, l'autre politique, l'*islamisme* et la *tribu*.
On pourrait expliquer par ces deux mots, toutes
ces mœurs et toutes ces coutumes, ou bizarres ou
sauvages, contre lesquelles n'ont rien pu ni la
civilisation romaine, ni celle des chrétiens, ni
celle même des Arabes, qui pourtant brilla d'un
si vif éclat durant plusieurs siècles.

Inquiet et remuant, l'Arabe porte néanmoins
plus loin que tout autre peuple, l'amour du sol
natal; et lorsque les suites de la guerre le forcent
à s'expatrier, la *nostalgie* s'empare des fugitifs ou

des exilés. Cette maladie est le plus souvent incurable et même mortelle, si on laisse l'arabe dans
les mêmes conditions d'existence; nous pouvons
citer pour exemple, ce qui s'est passé cette année
à l'île Ste-Marguerite, dans l'effectif du dépôt des
prisonniers arabes, la plupart ex-réguliers de l'é-
mir, et quelques notables de la tribu des Hachem.
Plusieurs individus sont morts de nostalgie, d'autres ont dû être tranférés à la Casbah d'Alger, dans
l'espoir que le voyage, le changement d'air et la
possibilité de communiquer avec leurs familles, les
rendraient à la santé.

Farouche et exalté malgré son penchant à la rê-
verie, l'arabe de l'Afrique reproduit jusque là assez
exactement celui qu'on trouve encore dans sa première patrie, mais il est plus cruel et peut-être
moins hospitalier. Sous une loi religieuse qui enseigne à mépriser la vie, il brave courageusement
le danger, il reçoit la mort comme il la donne avec
une indifférence qui serait de l'héroïsme, si elle ne
tenait pas à un fatalisme stupide, ou s'il ne tuait
que dans le combat. Mais il massacre ses captifs,
et mutile leurs cadavres pour se parer d'un san-
glant trophée; mais il égorge de malheureux naufragés que les vagues ont poussés sur ses plages; le
vol, le brigandage et l'assassinat, lui sont toujours
si familiers, qu'ils semblent lui constituer une
sorte de droit sur les autres hommes sans distinc-
tion; mais contre les infidèles, ce droit devient

un devoir et comme une œuvre sainte qu'il accomplit avec toute la fureur que donne le fanatisme.

L'ignorance où l'arabe est tombé depuis plusieurs siècles, n'a pu que contribuer encore à cette dépravation morale, produite par l'islamisme. Il n'existe peut-être pas aujourd'hui sur la terre, un peuple plus superstitieux. Non-seulement il croit aux sorciers, mais la magie est à peu près la seule science qu'il reconnaisse, c'est par elle qu'il apaise ou conjure la colère des *Djenouns*, (mauvais génies) et qu'il cherche son salut dans les dangers et sa guérison dans les maladies. Si le charme manque à réussir, ce n'est jamais la magie qui est en défaut ; on fait intervenir la volonté de Dieu qui excuse toutes les sottises et explique tous les mécomptes.

D'après ce qui vient d'être exposé, tout le monde conclura facilement que si l'Arabe se relève un jour comme peuple, ce ne sera point par le développement des idées qui composent son fond moral et scientifique, ni par la vertu d'une religion qui, après avoir inspiré un enthousiasme fanatique à ses premiers apôtres, a, pour ainsi dire, engourdi lentement tous les peuples qui l'ont adoptée. Et cependant la religion est l'unique lien de l'arabe, à peine initié à la science de la vie sociale par l'institution politique qu'il a retenue des premiers âges du monde ; car, malgré tout ce qu'on pourrait

dire en faveur des sociétés patriarcales, un nombre quelconque de tribus juxta-posées, ne donne
pas plus un peuple véritable, qu'un rassemblement
de *goums* ne donne une armée. Quand même ce
ne serait pas là un fait d'expérience, on ne pourrait concevoir dans une population ainsi distri-
buée, aucune grande pensée poursuivie d'ensemble, aucun grand projet conçu et exécuté en commun ; par conséquent, point de progrès, point de
civilisation, point d'avenir.

Mais l'arabe se complaît dans la tribu qui l'abrite
contre un pouvoir social plus fort et qui n'est pas
pour elle même, une puissance publique, capable
de gêner beaucoup le despotisme traditionnel que
chaque chef exerce sur sa famille. L'être le plus
faible, la femme est naturellement la plus malheureuse victime de ce despotisme. Nous n'enten-
dons pas parler seulement de la polygamie ; il faut
qu'elle s'y résigne par la loi du prophète qui la
condamne à partager l'amour de son maître avec
deux, trois et même quatre rivales. En dehors des
humiliations et des peines qui dérivent de ce qu'on
peut appeler son abaissement légal, quelles duretés
et quels mépris n'a-t-elle pas à essuyer ? Rebut de
la famille, livrée à la solitude et au délaissement,
vouée dans les tribus aux fatigues les plus rudes
et aux travaux les plus abjects, la femme arabe
traîne une pénible existence, sans joie, sans élévation d'âme, sans espoir d'un avenir meilleur et

avec la seule perspective d'être répudiée, de vivre dans l'abrutissement et de vieillir à la fleur de l'âge.

Ce n'est pas comme on l'a cru longtemps, à une puberté hâtive, qu'il faut attribuer la précocité des mariages et le rapprochement prématuré des sexes ; on ne doit voir dans ce fait, qu'un résultat de la dégradation morale des tribus, de l'influence des croyances religieuses immorales et avilissantes; et enfin, de la manière d'abuser des femmes, dont la condition civile diffère très peu de l'esclavage. (1)

Les lois sur la faculté du divorce et sur la pluralité des femmes, sont généralement observées parmi les arabes ; mais ce qui prouve qu'ils ne sont pas indifférents aux progrès de la civilisation, c'est que plusieurs fois des familles notables de Constantine, renonçant au principe consacré par la loi musulmane, ont demandé que le mariage de leurs enfants fut célébré selon la loi française, déclarant en connaître toutes les conditions et en accepter toutes les conséquences. Ces mariages ont été célébrés après l'accomplissement de toutes les formalités prescrites et les conditions en sont encore aujourd'hui religieusement observées.

(1) Les nouvelles recherches de M. Roberton *sur l'histoire naturelle de la puberté* (The Édinbourg medical and surgical journal , juillet 1843) ne laissent plus aucun doute sur la vérité de cette remarque.

Quand la femme arabe a rempli la rude tâche qui lui est départie dans les travaux de la maison et des champs, son délassement, ou plutôt son occupation constante, est la préparation du *kouskoussou*. Ce mets tout national, ainsi que la boisson appelée *lében*, (1) sont l'impérissable symbole des mœurs de ces peuples; l'emblême le plus caractéristique de leurs goûts simples et de leur excessive sobriété. Les farineux forment généralement la base de l'alimentation des arabes, mais comme dans toutes les hautes températures, le tube digestif ayant peu d'énergie, les habitants des villes et les personnes aisées de quelques tribus assaisonnent fortement leurs mets avec des épices et des aromates.

§ II.

KABYLES.

Le Kabyle comme l'arabe est étranger à l'Afrique, mais il paraît l'avoir précédé d'assez longtemps dans ce pays, car les traditions les plus accréditées, lui assignent le titre d'aborigène, et le droit de premier occupant. Malgré l'identité de religion et une grande analogie de mœurs, il

(1) Le *lében* est une espèce de petit-lait qui provient d'un mélange de lait de chamelle, de vache et de brebis, agité fortement dans une outre pour la fabrication du beurre. Les Arabes font également une grande consommation de *raïb* ou lait caillé.

est très prévenu contre l'arabe de la plaine, qu'il considère comme un être servile ; l'arabe, à son tour, ne voit dans le kabyle qu'un être grossier ; les deux races se rendent ainsi mépris pour mépris. Sobre, actif, intelligent, échappant dans ses montagnes à la domination des peuples qui se sont disputé tour à tour la domination de l'Afrique, le kabyle aime la culture, se bâtit des villages et paraît fait pour une existence, sinon plus régulière, du moins plus assise que celle des arabes.

Les kabyles portent le nom générique de *Berbères* et leur race est établie en Afrique, depuis l'Égypte jusqu'aux bords de l'océan Atlantique. Parmi les écrivains arabes, les uns regardent les Berbères, comme étant d'origine arabe ; les autres les font venir du pays de Chanaan et des côtes de Phénicie. Ces derniers placent l'émigration des Berbères, soit au temps de Josué, soit au temps de Goliath et de David.

Le kabyle tant qu'il ne sort pas des montagnes, constitue une belle race, mais quelques voyageurs ont remarqué qu'il est sujet au goître, et par suite, au crétinisme lorsqu'il descend dans les vallées.

Parmi les populations de la Kabylie indépendante, les femmes jouissent d'une plus grande liberté que chez les Arabes, et par exemple elles s'émancipent dans quelques tribus, au point de s'affranchir, malgré le Koran, de l'usage de voiler leur figure lorsqu'elles se montrent en public. In-

dépendantes, fidèles au sol natal, les femmes kabyles s'unissent souvent à leurs maris pour défendre opiniâtrement et avec courage le foyer do-
mestique contre les invasions étrangères. Dans la
journée du 17 mai dernier, les kabyles de l'est,
commandés par Ben-Salem, kalifa d'Abd-el-Kader,
se sont défendus en désespérés ; leurs femmes et
leurs enfants étaient armés et se battaient aussi
courageusement que les hommes les plus vigoureux. « Une femme tuée par nous, dit une corres-
pondance particulière (1), a été trouvée tenant
encore son fusil à la main ; elle portait à sa ceinture une cartouchière remplie de cartouches ayant
chacune deux et trois balles. »

Indépendants sous la domination romaine, van-
dale, byzantine, arabe et turque, les kabyles n'ac-
cepteront jamais le joug direct de l'étranger ; ils
peuvent être quelquefois conquis, mais de longtemps ils ne seront pas soumis.

§ III.

MAURES.

Avec ces deux races, la plus nombreuse dans
les mêmes contrées est celle des Maures, qui,
sous quelque aspect qu'on les envisage, restent

(1) L'*Algérie*, courrier d'Afrique, 6 juin 1844.

bien au-dessous des Arabes et des Kabyles. Quoiqu'on en trouve plus ou moins dans toutes les
villes, c'est dans la pointe occidentale de l'Afrique,
dans le Maugreb, au centre de l'empire du Maroc,
qu'ils se sont habitués depuis leur immigration. Dès
lors, ou à une époque de bien peu postérieure, on
les a appelés Maures d'après l'ancien nom du pays.
Au physique les Maures sont tellement modifiés
qu'il deviendrait impossible aujourd'hui de déterminer le caractère spécial de cette race. On ne
peut attribuer tant et de si profondes altérations
qu'au mélange des races indigènes ou étrangères, car les Maures se sont croisés avec toutes
celles qui ont successivement occupé le nord
de l'Afrique. Quoiqu'il en soit, impuissants et
méprisés, manquant du courage et de l'activité
nécessaires pour habiter la plaine, sans avoir le
degré de civilisation et d'industrie voulu pour former une classe distincte dans les villes, se dégra-
dant chaque jour de plus en plus par leur oisiveté
et leurs mœurs efféminées, les Maures en sont arrivés au point que leur régénération doit nous paraître à tout jamais impossible.

Et pourtant les Maures ont eu, comme les autres Arabes, leurs grands siècles dans l'histoire du
monde! Oui, mais c'était au temps de la conquête,
qui fut pour la race entière l'époque de toutes les
gloires et de toutes les grandeurs. « Entre les Maures de Grenade et ceux de la Régence, dit M. Genty

de Bussy (1), il y a toute la distance qui sépare les
peuples avancés des peuples rétrogrades ; la guerre
les avait éclairés, la paix les refit barbares. Hors
de chez eux ils se policèrent, sur leur territoire
ils redevinrent ce qu'ils étaient avant de sortir ;
c'était vivre en sens inverse des autres nations. •

Nous n'aurions pu résumer par une remarque
plus judicieuse ce qui résulte des quelques pages
qu'on vient de lire sur l'histoire, la religion, les
mœurs et l'état politique des principales races de
l'Afrique septentrionale. Nous allons maintenant
traiter de chaque race, au point de vue exclusif
de l'organisation physique et des caractères psy-
cologiques.

Type arabe. — Corps sec, élancé, assez grand,
peau légèrement basanée, muscles fortement des-
sinés ; crâne ovoïde d'avant en arrière ; front
étroit, oblique, dont les os sont fort minces ; cheveux noirs tendant à se boucler ; face oblongue,
déprimée latéralement ; nez long et arqué, profil
aquilin. Les cavités orbitaires paraissent chez les
Arabes plus larges, et leurs rebords supérieurs
plus saillants et plus arqués ; cela tiendrait, d'après
M. Cuvellier (2), à la moins grande abondance de

_____

(1) De l'établissement des Français dans la régence d'Alger. — Paris,
1835.

(2) Recueil de Mémoires de médecine et de chirurgie militaires.

tissu cellulo-adipeux dont cette cavité est pourvue. Le bourrelet demi-circulaire qui cerne les yeux d'un grand nombre d'Européens, et qu'on observe rarement chez les Arabes, se rapporterait à la même cause. Larrey avait également remarqué que chez les Arabes les orbites sont plus arquées qu'on ne les trouve en général sur les crânes des européens.

Type kabyle. — Taille peu élevée, corps trapu, musclé; face ovale pleine, nez moyen, épais, front moins étroit et moins oblique. *Type mozabite* (1). Crâne ovoïde d'avant en arrière déprimé latéralement, mais d'une hauteur verticale remarquable, front étroit; face ovale, moins anguleuse que celle de l'Arabe, nez assez grand, charnu; corps plus ramassé que celui de l'Arabe, taille moyenne, peau olivâtre. Quant aux Maures, ils ne présentent pas, ainsi que nous venons de le dire, un type spécial; c'est un produit de croisements multiples. La constitution bilieuse très prononcée explique les tons jaunes qui se dessinent parfois sur la peau et sur la sclérotique des individus appartenant aux races sus-indiquées.

Chez ces différents peuples, les lèvres, généralement grandes et épaisses, laissent voir des dents

---

(1) De la tribu des *Beni-M'zab* ; population sobre et laborieuse qui, dans plusieurs villes de l'Algérie , exploite les établissements de bains , les boucheries, es moulins, etc.

remarquablement blanches et placées verticalement; de sorte que les Arabes, comme tous les individus qui appartiennent à la race caucasienne ou celtique, prononcent la lettre R plus facilement que ne font les Chinois et les Nègres, dont les dents sont situées obliquement.

Les femmes indigènes ont les lèvres souvent gercées, parce qu'elles ont l'habitude de les teindre avec de l'écorce de noyer. Une plante, le *henné*, (*lawsonia inermis*) *cyprus* des anciens, sert aussi aux indigènes à se teindre diverses parties du corps; chez les hommes, ce sont ordinairement les ongles; chez les femmes, les cheveux, les ongles, et quelquefois les extrémités supérieures et inférieures. Le henné a la propriété de rougir les ongles, et de tanner légèrement la peau en lui donnant une couleur jaune-rougeâtre. C'est aussi avec les feuilles de cette plante, broyées dans de l'huile, que certaines populations musulmanes onctionnent les victimes qu'on sacrifie à quelques marabouts en vénération. Les médecins arabes, attribuent au henné, différentes propriétés thérapeutiques, que nous examinerons plus tard en parlant de la médecine et des médecins, chez les indigènes de l'Algérie.

Les yeux, chez les Arabes, sont le plus généralement grands, vifs, bien fendus et mélancoliques, surtout chez les femmes.

La couleur des yeux, chez les Arabes proprement dits, est ordinairement noire ; chez les Kabyles elle l'est toujours, sauf de très rares exceptions. Les tuniques de l'œil, chez les Kabyles, sont en général très épaisses ; car plus l'iris est noir, plus les tuniques de l'œil sont denses ; plus l'iris est pâle, plus elles sont minces ; cette remarque avait déjà été faite par Maître-Jean, Sœmmering et Demours.

Chez les Chaouïas, qui, selon toute apparence, descendent des Vandales qui habitèrent la Barbarie pendant un siècle, on rencontre des individus aux yeux gris et même bleus. Sans doute, en témoignage de cette origine, les Chaouïas ont conservé les traits et la physionomie des hommes du Nord, et il se trouve parmi eux des individus blonds et roux.

On remarque aussi ce phénomène dans une des tribus du mont Aurès. « Je vis en cet endroit, dit Bruce (1), à mon grand étonnement, une tribu d'Africains qui avaient le teint plus clair que les habitants du midi de la Grande-Bretagne. Ils avaient aussi les cheveux roux et les yeux bleus ; indépendants, et même sauvages, ils ne se laissent approcher ni aisément, ni sans danger. Cette tribu porte le nom de Néardie. Ceux qui l'habitent portent entre les deux yeux une croix grecque qu'ils se font avec de l'antimoine. J'imagine que ce peu-

(1) Voyage aux sources du Nil.

ple est un reste de Vandales. Ils m'avouèrent avec grand plaisir que leurs ancêtres étaient chrétiens. » Shaw (1) en parle dans le même sens.

A l'époque de l'expédition de Biskara commandée par le duc d'Aumale (mars 1844), on a pu vérifier l'exactitude des relations de Shaw, Peyssonnel et Bruce, c'est-à-dire que les habitants du mont Aurès (*mons Auræsius* des Romains) portent les traces manifestes d'une origine germanique qui se distinguent des tribus basanées qui l'entourent. C'est dans ces gorges et les crètes de ces montagnes que les débris des Vandales subjugués par l'épée victorieuse de Bélisaire, vinrent au milieu du vi° siècle chercher un asile.

Chez les Maures, les yeux sont généralement noirs, gros, proéminents, ce qu'ils ont conservé de commun avec la race arabe. Chez quelques enfants maures, durant le premier âge, les yeux sont bleus et les cheveux blonds, mais ils brunissent ensuite. Chez les juifs d'Afrique, les yeux sont noirs et grands ; cependant on trouve quelques femmes avec des cheveux châtains, la peau d'une blancheur remarquable et les yeux bleus-foncés.

Les cils et les sourcils, chez les Africains, sont longs, très épais, bien fournis, noirs et arqués. — Les femmes indigènes ont l'habitude de se teindre les sourcils avec un enduit, le *mheudda*, qui se

---

(1) Voyage dans la régence d'Alger.

prépare de plusieurs manières ; tantôt c'est du sucre brûlé mélangé avec de l'huile et de la fumée
de charbon ; d'autres fois on se sert du résidu de
la combustion des coquilles de noix auquel on
ajoute également de l'huile ; quand cet enduit est
sec il s'écaille , et très souvent ses parcelles s'introduisent dans les yeux et les irritent.

Quant aux cils , malgré leur beau noir naturel ,
les femmes les teignent aussi avec une couleur artificielle ; elles introduisent entre les paupières un
petit morceau de bois conique et arrondi préalablement chargé de mine de plomb *l'al-kahal* ;
elles roulent ensuite le petit cône jusqu'à ce que les
bords libres des paupières soient suffisamment
noirs ; dans quelques tribus on se sert de poudre
d'antimoine. Les femmes indigènes croient que
la couleur foncée qu'on parvient , par ce procédé, à donner aux yeux, contribue à augmenter
leur douceur naturelle. Cette coutume de se *far-
der* les yeux est du reste très ancienne en Orient ;
quelques auteurs prétendent même qu'elle était
connue des femmes grecques et romaines. Aujourd'hui il est interdit aux Musulmanes de
faire usage du *kohol* et du *henné* pendant l'*id-
det*, ou retraite qui dure quatre mois et dix jours ;
après la mort du mari on a la suite de répudiation
ou de dissolution du mariage.

En parlant de l'ophthalmie d'Afrique, nous exposerons avec détail comment ces différentes habi-

tudes contribuent à la production de cette maladie ; elles expliquent également pourquoi dans les
douairs et dans les tribus, les femmes sont bien
plus souvent affectées de maux d'yeux que les hommes.

Chez la plupart des habitants de l'Algérie,
la paupière supérieure est plus grande et plus longue de haut en bas que chez les européens. Il est
vrai que dans toutes les races la paupière supérieure est plus grande que l'inférieure, mais en
Afrique, cette différence est plus frappante que
chez les autres peuples. Ainsi, rapprochez une
mauresque ou une juive de Constantine et une européenne, examinez attentivement leurs paupières,
et vous verrez cette différence. C'est à cette particularité, ou congéniale, ou résultant des habitudes
ou des mœurs propres à ces peuples, que nous attribuons, en partie, la fréquence de l'entropion et
du trichiasis, surtout chez les juifs. La dissection
de la paupière inférieure ne m'a rien offert de remarquable. Dans la paupière supérieure, le *fascia
palpebralis* du muscle orbiculaire et l'extrémité du
muscle élévateur m'ont paru plus développés plus
forts et d'une couleur rouge plus vive que chez
les européens. Ces notions générales sur la disposition et la forme des cils et des paupières chez les
indigènes, nous serviront à l'étude de l'étiologie de
l'entropion et du trichiasis, et nous feront mieux
comprendre la fréquence de ces affections en Afri-

que ; quant aux considérations anatomiques et physiologiques de la cornée et des membranes internes de l'œil, nous leur consacrerons plus tard un chapitre spécial.

Chez les différentes races qui habitent le nord de l'Afrique, les angles de l'œil et l'espace compris entre les deux yeux, n'offrent pas ces particularités de forme et de direction, qui sont le caractère distinctif de différentes races (1) et même de quelques peuplades qui habitent les autres contrées de l'Afrique. Ainsi, chez les Abyssiniens de l'Afrique centrale, l'angle interne est incliné : chez les Hottentots de l'Afrique australe, les yeux longs et étroits, sont très écartés l'un de l'autre, l'angle intérieur est arrondi comme chez les Chinois, avec lesquels les Hottentots, ont plusieurs points de ressemblance : chez les Gallas, partie orientale de l'Afrique intertropicale, les yeux sont petits mais profondément enchassés. Enfin, chez quelques unes des nombreuses peuplades qui habitent

---

(1) On sait que, parmi les traits caractéristiques des Kalmouks, se remarquent les particularités suivantes : yeux obliques, déprimés vers l'angle interne et très peu ouverts ; paupières charnues ; sourcils noirs, peu fournis et formant un arc surbaissé. Chez les Kirghis ou Turques nomades, l'espace compris entre les deux yeux est tout plat : les yeux sont allongés et très couverts. Chez les Indo-Chinois, comme aussi chez les Malais, les bords libres des paupières sont peu écartés ; mais chez les Chinois surtout, ils se rencontrent sous un angle très aigu, et du côté extérieur ils forment une fente presque linéaire et oblique, qui remonte vers les tempes.

l'immense plaine du Sahara, chez les Touariks (1),
et chez quelques tribus limitrophes de l'Égypte,
les yeux écartés l'un de l'autre, sont longs, coupés
en amande, à moitié fermés et relevés aux angles
extérieurs.

Des observations qui précèdent on peut facilement conclure, que les arabes de l'Afrique septentrionale, par plusieurs traits de leur constitution physique, s'éloignent considérablement des
autres peuples Africains,

La rectitude du tronc qui contribue à donner
aux arabes une pose noble et fière, tient principalement à la direction de la colonne vertébrale,
dont les courbures sont heureusement disposées à
cet effet; voici comment quelques observateurs,
expliquent ce résultat, qu'ils attribuent aux habitudes et aux actes locomoteurs du premier âge.

« Plutôt que de les exercer à une progression pré-
maturée, les Arabes nomades portent ou font porter leurs enfants par des femmes qui les contiennent derrière elles à cheval sur leurs hanches,
serrés médiocrement, ou plutôt maintenus dans

---

(1) Peuples d'origine berbère, considérés par quelques auteurs, et par
M. le docteur Bodichon surtout, comme issus des anciens Mélano-Getules.
Primitivement, les Touariks étaient amalgamés avec les noirs ; plus ils se sont
avancés vers le Sud, plus ils ont perdu le type atlantique pour prendre le
type nègre : en somme, ils sont devenus une chaîne de transition entre la
race blanche et la race noire. Les Touariks sont aujourd'hui, comme autrefois, les guides des caravanes à travers le désert.

une espèce de ceinture large qu'ils font avec une partie de leurs vêtements, ainsi voyagent les enfants trop jeunes encore pour supporter de longues marches. De cette manière le tronc ne pouvant se jeter en avant, est maintenu dès l'âge le plus tendre dans la direction normale qu'il doit conserver dans la suite ; les membres de l'enfant ne sont nullement comprimés contre la poitrine de la mère comme cela se fait en Europe. Cette position ne prédispose point à une courbure dorsale plus prononcée, au déjettement en dehors et en avant des omoplates, en même temps qu'à l'aplatissement des côtés de la poitrine. Mais dans le jeune âge et dans l'enfance, me dira-t-on, on ne saurait admettre que la colonne vertébrale, qui est encore en grande partie cartilagineuse, puisse conserver par la suite les directions vicieuses qui lui sont alors données. Je considère néanmoins cette habitude instinctive des Arabes comme propre à prévenir de fâcheuses prédispositions. (1) »

La voûte du crâne, chez les Arabes, est très élevée ; mais nous croyons que c'est à tort que plusieurs observateurs, et Larrey entre autres, l'ont attribuée à la compression exercée par les coiffures qu'ils serrent autour de leur tête avec une corde de poil de chameau, dont les tours sont

---

(1) Cuvellier, Remarques sur les Arabes et sur les Européens faites en Algérie. — Recueil de mémoires de méd. et de chir. milit.

multipliés au-dessus des oreilles. Nous ferons remarquer qu'outre l'élévation de la voûte du crâne,
on observe chez quelques indigènes un aplatissement latéral particulièrement entre le pariétal
et le trou auditif, or une ligature circulaire s'ap-
pliquant régulièrement autour de la tête, ne peut
pas pousser la voûte du crâne en haut, donner
la forme ovale au diamètre antéro-postérieur et
aplatir les parties latérales ; et, d'ailleurs, est-il
probable qu'une ligature quelque serrée qu'elle
soit, puisse chez les adultes comprimer et modifier la disposition normale d'une boîte osseuse ?
Nous croyons que cette particularité est un des
caractères distinctifs de la race arabe, comme le
crâne pyramidal est la particularité distinctive des
Esquimaux et des Mongols, comme la saillie de la
partie moyenne du coronal et l'aplatissement latéral du front, sont les traits caractéristiques des
Nègres pélagiens, etc. ; or si le point de départ se
trouve dans l'organisme lui-même, il est inutile
d'en rechercher la cause dans la coiffure nationale;
car, chez les enfants de cinq à six ans, l'élévation
de la voûte du crâne et l'aplatissement latéral commencent à se manifester, et cependant ils vont nu-
tête, ou ils se couvrent d'un petit bonnet grec sans
aucune espèce de ligature ; (1) toutefois, si on vou-

_____

(1) Dans quelques départements du centre et du midi de la France, l'usage
du *serre-tête* chez les enfants, occasionne il est vrai un allongement en arrière de la voûte du crâne, mais M. Foville dans son écrit sur les déforma-

lait attribuer l'élévation de la voûte du crâne chez
les Arabes aux habitudes et aux mœurs nationales,
on en trouverait la cause dans un usage qui existait autrefois, et qui existe encore aujourd'hui,
dans plusieurs contrées de l'Afrique. Un auteur
arabe, de la première moitié du dixième siècle de
notre ère, Abou-Zeyd, de Bassora, dit, que les
Arabes avaient l'habitude, lorsque un enfant venait
au monde, de lui *arrondir la tête et de la redresser.* (1) Cette pratique expliquerait plus facilement
le trait caractéristique dont nous venons de parler, car la pression imprimée à la tête d'un nouveau-né, trouvant naturellement plus de résis-
tence dans le diamètre antéro-postérieur que dans
les parties latérales, doit nécessairement pousser
la voûte du crâne en haut et aplatir les parties laté-

tions de la tête, a fait observer que les lacets du serre-tête, avaient également pour résultat de laisser les traces d'une ligne *circulaire* autour de la
boîte osseuse. Cette remarque au lieu de détruire ce que nous venons de
dire sur le peu d'influence de la coiffure arabe dans l'aplatissement latéral,
ne fait donc que le confirmer ; car il s'agit ici d'une ligature appliquée chez
les enfants et non chez les adultes, ligature dont les résultats ne sont pas
comme chez les Arabes, l'élévation ovale de la voûte du crâne et l'aplatissement latéral ; mais au contraire, l'allongement circulaire en arrière et en
haut, sans aplatissement des pariétaux.

(1) *Relation des voyages des arabes dans l'Inde et à la Chine*, publiée
par M. Renaud, professeur de langue arabe, à la bibliothèque royale. Suivant Abou-Zeyd, les Chinois n'approuvent pas la coutume arabe, parce
que, disent-ils, cela contribue à faire perdre au cerveau son état naturel
et *altère le sens commun.*

rales. C'est la mère de l'enfant qui est habituellement chargé de cette manœuvre ; elle se fait dans la première année de la vie, et pour que le nouveau-né ne souffre pas, on la pratique graduellement comme une espèce de massage, c'est-à-dire en frottant avec la paume de la main et de bas en haut, les parties latérales de la tête. Les arabes et surtout les familles nobles, attachent une grande importance à cette opération ; d'abord par coquetterie, ensuite parce qu'on est jaloux de conserver sur la tête de l'enfant le type primitif, afin qu'on ne puisse pas le confondre avec la race Berbère, (1) méprisée généralement par les arabes.

Les phrénologistes trouveraient peut-être dans ce caractère distinctif (congénial ou acquis) de la race arabe, un sujet d'observation qui ne serait pas sans intérêt pour la psycologie. Bornons-nous à constater que le développement des régions supérieures et antérieures du crâne, doit nécessairement produire un développement des facultés attribuées à ces parties ; or, ne sait-on pas que l'esprit d'observation, la mémoire des lieux, le génie

(1) Le crâne chez les Berbères étant globuleux et conique en arrière, s'éloigne considérablement du type arabe. Les personnes qui n'ont pas voyagé en Afrique, pourraient se convaincre de l'exactitude de cette remarque, en visitant la belle collection de M. Longa, peintre et membre de la commission scientifique de l'Algérie, qui a dessiné avec autant de soin que de vérité, les différentes nuances qui caractérisent les têtes des races africaines, depuis les bédouins du désert jusqu'aux maures des villes.

poétique, etc., sont développés au plus haut degré chez les arabes?.

La coutume de *pétrir* la tête des nouveaux-nés, a toujours existé chez différentes nations. Hippocrate dit que les peuples voisins de la Mer-Noire, ayant adopté l'usage de comprimer le crâne de leurs enfants, cette continuelle habitude avait passé en nature et que de son temps les habitants de ces contrées, étaient *macrocéphales* ou naissant avec des têtes fort allongées ; (1) Vésale en dit autant des Génois ; enfin, d'après la relation de quelques naturalistes, cette habitude aurait existé chez les Turcs, chez les Omagas, chez les Caraïbs, chez les Chactas de la Georgie ; elle se pratique encore aujourd'hui aux îles de Nicobar, et chez quelques races de l'océan Pacifique, surtout chez les Noôtk-Columbiens.

On rencontre rarement parmi les Arabes cette multitude de difformités qu'on observe en Europe ; cela tient à la nature de leur organisation forte et vigoureuse, à leur vie très sobre, et surtout à ce que les enfants rachitiques et scrofuleux, manquant presque toujours de soins, meurent de très bonne heure. On prétend même que les enfants qui, d'après leur vice de conformation, ne paraissent pas destinés à vivre, n'ont pas à souffrir ou à végéter longuement... Les Arabes de quelques tri-

(1) Diction. des Sciences Méd.

bus passent pour suivre à l'égard de ces malheureux la coutume des Spartiates, coutume révol-
tante et barbare, que quelques peuples de l'antiquité ont pratiquée sans remords et qui a eu pour
apologistes Aristote (1) et Platon......! (2)

Nous ne garantissons pas le fait pour ce qui regarde les Arabes; mais il semble probable, d'autant plus que l'infanticide peut se commettre avec
une grande impunité; par la raison qu'on n'a
pas pu obtenir, même des Arabes des villes, la
déclaration exacte des morts et des naissances,
et un état civil en règle; les Musulmans détes-
tent la statistique, et ils ne voient dans les inves-
tigations détaillées de leur intérieur qu'une odieuse
fiscalité.

Les Arabes sont graves; ils n'aiment pas la plaisanterie et la médisance; ils rient peu, parce qu'ils
prétendent que le rire est fait seulement pour em-
bellir le visage des femmes. Faisant rarement usage
de pantomime, ne présentant pas dans leur physionomie cette mobilité de toutes les parties du visage pour exprimer leurs passions et leurs pensées,
les Arabes n'offrent pas sous ce rapport le caractère physiologique qu'on remarque généralement
chez les peuples du midi de l'Europe.

(1) Polit., liv. VII, chap. 16.

(2) Liv. 5 de la république. — L'usage de tuer les enfants d'une constitution faible et défectueuse, est aujourd'hui généralement suivi dans quelques contrées de la Chine, et surtout dans la province de Jo-Kien.

Tempérament bilioso-sanguin, fatalisme au plus haut degré, esprit poétique, imagination romanesque, intelligence dans la force, finesse, ruse, amour des combats, sobriété, puissance musculaire très développée, et par conséquent intelligence moins cultivée; telles sont, en résumé, les principales facultés physiques et morales dominantes chez les Arabes.

On considère les Arabes, comme devenant impuissants de 4o à 44 ans; et c'est alors qu'ils ont recours aux médecins: On sait avec quelle avidité un Arabe cherche à se procurer de ces coléoptères dont la vertu aphrodisiaque, lui est parfaitement connue..... Dans quelques villes, dans la province d'Oran surtout, nous avons vu vendre, même publiquement, les cantharides, et personne n'en ignore l'usage.....

Dans le cas d'impuissance bien établie, le kadi annule le mariage, mais non pas immédiatement. Le mari obtient un délai d'un an; si dans ce délai il accomplit l'œuvre matrimoniale, le mariage est maintenu, sinon la séparation est prononcée. Dans le cas où il y a castration, la séparation est prononcée immédiatement.

Les femmes arabes sont nubiles à l'âge de dix ou onze ans, mais elles perdent de bonne heure la faculté d'engendrer; on prétend même que quelques unes d'entr'elles se font avorter quand elles craignent d'altérer leurs charmes en devenant mères, ou lorsqu'elles veulent détruire les traces d'une faute. On sait que ce crime toléré par les lois musulmanes se commet impunément et sans remords de la part de la mère et de la part de la *kabla*, (sage-femme) en Afrique et dans tout l'Orient; il est inutile d'ajouter que les femmes meurent souvent des suites d'un si criminel attentat.

Au reste, de pareils détails sur les mœurs et la constitution physique et morale des Arabes, quoique pouvant offrir quelque intérêt, s'éloigneraient de notre sujet, que nous avons circonscrit dans l'étude spéciale de tout ce qui a rapport à l'ophthalmologie.

CHAPITRE II.

CONSIDÉRATIONS ANATOMIQUES ET PHYSIOLOGIQUES SUR L'ŒIL ET SES ANNEXES, CHEZ LES INDIGÈNES DE L'ALGÉRIE.

Les différences de configuration dans les yeux de diverses races humaines portent moins sur les membranes internes du globe de l'œil lui-même, que sur les variétés dans les formes des paupières, leurs différents degrés d'ouverture, et enfin dans les dispositions des sourcils et des cils. Cependant nous avons cru remarquer aussi quelques différences dans l'organisation de la cornée, de l'iris, du pigmentum, etc. ; mais ces particularités dans la conformation intérieure des membranes de l'œil selon les races, n'ayant été indiquées, à ce que nous croyons, ni par les anatomistes ni par les voyageurs, nous les donnons avec toute la réserve possible jusqu'à ce que des observateurs plus habiles aient confirmé nos attestations ou les aient modifiées après un examen critique.

Ce que nous allons exposer, nous l'avons observé nous-même, et nous l'écrivons de bonne foi ;

outre les remarques nombreuses que nous avons faites sur le vivant, nous avons trouvé plusieurs fois l'occasion de disséquer des yeux d'indigènes, et le résultat de l'autopsie nous a confirmé dans notre opinion.

§ I.

CORNÉE.

Chez les kabyles, chez la plupart des nègres d'Afrique et chez un grand nombre d'Arabes, la cornée est très petite, sa circonférence est d'une demiligne à une ligne plus petite que chez les Européens.

Je conserve dans ma collection ophthalmologique un œil, dont les diamètres de la cornée sont excessivement petits, même en faisant la part du rapetissement des tissus par la dessication. J'ai pris cet œil sur un kabyle tué par un de nos factionnaires aux environs de Stora, et dont le corps a été mis à ma disposition par l'obligeance de M. Mestre, chirurgien en chef de l'hôpital de Philippe-Ville.

Le caractère anatomique sus-indiqué, se rencontre très souvent chez les nègres de Constantine et de quelques autres parties de l'Afrique française; ces nègres proviennent de Tom-Bouktou, de Guenaoua et du Aoussa.

On peut faire aussi cette remarque chez les habitants de quelques contrées de l'Espagne et de la Sicile, où les Arabes ont laissé tant de traces de leur séjour; les habitants des îles Canaries qui, selon toute probabilité, descendent des Berbères, présentent aussi cette particularité.

Chez les peuples ci-dessus mentionnés *l'arc sénile* (gérontoxon), se prononce de très bonne heure, tandis qu'en Europe ce n'est guère qu'après cinquante ans que la périférie de la cornée présente chez quelques personnes une opacité d'un blanc grisâtre semblable à une zone, ayant d'une ligne à une ligne et demie de largeur. On sait que cette opacité est due à l'envahissement de la matière fibreuse de la sclérotique, ou à la diminution de la nutrition des parties.

Il est très rare en Europe de rencontrer la tache périférique de la cornée dans le bas âge. Cependant, Wardrop l'a vue chez un enfant nouveau-né; et tout récemment on l'a observée chez un séminariste, âgé de vingt ans, adonné à la masturbation. (1)

Les nouvelles recherches de MM. d'Ammon et Schon ont prouvé que lorsqu'il y a un arc sénile de la cornée, il existe également une opacité semblable dans la circonférence du cristallin ou de sa capsule. Du reste, dans la plupart des cas, l'arc sénile se forme sans inflammation préalable, et on peut le considérer comme un état tout à fait

---

(1) Fabre, Dictionnaire des dictionnaires de médecine, t. III.

normal; car les nègres et les Arabes, chez lesquels nous l'avons le plus souvent remarqué, jouissaient d'une vue parfaite.

La cornée chez les indigènes d'Afrique est très bombée, ce qui ne les empêche pas de voir de très loin et de n'être presque jamais myopes. La presbyopie est plutôt chez eux un état normal qu'un symptôme maladif, et tous ceux qui ont voyagé en Afrique, savent très bien qu'un arabe distingue d'aussi loin à l'œil nu, qu'un voyageur muni d'une longue-vue.

Ici se présente naturellement l'objection suivante : si la convexité excessive des surfaces du globe oculaire et le bombement de la cornée sont considérés généralement comme des caractères physiques particuliers à la myopie, pourquoi cette anomalie de la vision est-elle très rare en Afrique, où les indigènes et les nègres surtout, ont la cornée plus ou moins bombée et les yeux saillants? Comment concilier ces faits avec la nouvelle théorie sur la guérison de la myopie, qui consiste à couper les muscles de l'œil pour diminuer le diamètre antéro-postérieur et détruire en quelque sorte la saillie de la cornée? Il est très difficile de répondre à ces questions : nous essaierons néanmoins d'en dire quelques mots. Et, d'abord, ou la convexité des surfaces externes de l'œil n'est pas toujours en rapport avec les surfaces internes et les milieux transparents, ou la saillie des yeux et le bombement de la cornée ne sont pas toujours des caractères physiques essentiels pour constituer la myopie.

La première de ces propositions n'est pas admissible; car il est rare de rencontrer des yeux saillants et des cornées bombées sans que les humeurs soient denses et abondantes, et le cristallin et le corps vitré très convexes et très volumineux.

La seconde proposition me paraît plus probable, c'est-à-dire que, tout en admettant comme thèse générale que la saillie prononcée de la cornée et du cristallin, et une très grande force réfringente des tissus que traversent les rayons lumineux, produisent la myopie, nous croyons néanmoins que, malgré cette disposition organique, la réfraction des rayons lumineux peut se faire convenablement, et le cône, formé par ces rayons, atteindre directement la rétine, au lieu de se disperser confusément en de çà de cette membrane et occasionner le trouble dans la vue. On rencontre, en effet, même en Europe, quelques personnes qui ont la vue très bonne malgré leurs yeux saillants et leurs cornées bombées. Quelques auteurs ont voulu attribuer ce fait à la trop grande quantité de la graisse orbitaire qui ferait saillir le globe et rendrait la cornée plus bombée; mais cette explication ne peut pas s'appliquer aux Arabes, car on sait qu'ils sont généralement maigres.

Ne sait-on pas que la cornée est très convexe chez les oiseaux de proie et chez plusieurs animaux qui distinguent les objets de très loin?

Nous croyons plutôt que si l'on rencontre en Europe des individus aux yeux saillants et bombés ayant une bonne vue, et *vice-versa* des personnes myopes avec des cornées très peu convexes et presque planes, cela est dû aux bonnes ou mauvaises dispositions organiques de la rétine ou du nerf optique, à l'éducation et à l'exercice professionnel. Ainsi, les surfaces ou milieux transparents de l'œil ne feraient alors que *contribuer* à augmenter ou diminuer le vice de la rétine.

La preuve de cela c'est que ceux qui ont coupé les muscles de l'œil pour empêcher la cornée de faire saillie en avant, et, par conséquent, détruire la myopie, n'ont pas toujours obtenu des résultats satisfaisants et durables.

C'est aussi par quelques lésions de la rétine ou du nerf optique qu'on peut expliquer ces cas rares, il est vrai, de myopie arrivée instantanément, quelquefois même en une nuit, chez des personnes adonnées aux travaux intellectuels et partant sujettes à contracter les affections de la rétine et du nerf optique. Il en est de même des individus qui sont devenus myopes à la suite d'un accès de fièvre, ou bien en sortant d'un bain froid. Citons enfin les exemples de quelques conscrits qui parviennent artificiellement en peu de temps à un degré de myopie très prononcée.

Quant à l'extrême rareté de la myopie chez les Arabes, il est facile d'en trouver l'explication en examinant les causes de cette anomalie de la vision dans nos grandes villes où, dès l'enfance, tout concourt à appliquer les yeux sur des objets très rapprochés qui augmentent ainsi la myopie *congéniale* et produisent une autre espèce de myopie qu'on appelle acquise.

Les remarques faites par Weller, en Allemagne, et par Lawrence, en Angleterre, viennent à l'appui de nos observations. «Une des causes les plus communes de la myopie, dit Weller (1), réside dans les efforts continuels et journaliers de l'organe de la vue pendant la lecture, ou dans une trop grande persistance à écrire, à coudre, à tricoter ou à faire d'autres ouvrages minutieux, surtout lorsque les personnes qui passent leur vie à ces sortes d'occupations se refusent toute récréation en plein air, quand elles s'habituent à trop pencher la tête en travaillant, et que leur appartement n'est pas suffisamment éclairé. Or, comme la lumière artificielle n'est jamais suffisante, puisque même un grand nombre de bougies allumées ne peut pas remplacer le jour naturel, le travail du soir est surtout très propre à produire une

(1) Traité des maladies des yeux.

myopie durable. Je connais beaucoup de personnes qui, après s'être livrées à des travaux con-
tinus qui exigeaient une grande application des
yeux, sont devenues myopes pour toujours, en une
seule nuit; et je dois dire ici que, chez la plupart
des myopes que j'ai connus, la myopie était acquise. »

Lawrence, en entrant un jour dans une salle de
lecture, fut frappé du grand nombre d'individus
qui portaient des lunettes; sur vingt-trois personnes qui se trouvaient dans la salle, il y en avait
douze qui lisaient avec des lunettes (1). Le même
auteur rapporte que Ware, ayant consulté les différents chirurgiens des régiments de garde, à
Londres ou dans les environs, a pu constater que
sur dix mille hommes, il ne s'en est pas trouvé un
qui eût la vue courte; il a appris, en outre, qu'on
n'avait pas réformé six conscrits pour cette infirmité, dans l'espace de vingt ans. Il a fait ensuite
des recherches comparatives dans les colléges
d'Oxford et de Cambridge, et il a trouvé un grand
nombre de myopes dans ces institutions; sur cent
vingt-sept personnes, trente-deux étaient obligées
de se servir de lunettes ou de lorgnons.

Il y a déjà une trentaine d'années qu'un savant
écrivain, M. le docteur Réveillé-Parise (2), avait fait

(1) Leçons sur les maladies des yeux, publiées par Billard (d'An-
gers).

(2) Hygiène oculaire.

les mêmes remarques en France et dans différents pays. «Nous n'avons jamais pu rencontrer, dit-il, un myope en Dalmatie, chez les Morlaques, les Albanais, les farouches Monténégriens, quoique leurs yeux soient continuellement frappés d'une vive lumière, réfléchie par les rochers dont le pays est couvert. L'Allemagne, la France, l'Angleterre et l'Italie sont de toutes les contrées celles où l'on trouvera le plus grand nombre de vues basses. . . . . . Il semble que la myopie soit particulière aux savants, aux gens de lettres et à toutes les personnes qui, dans les classes élevées de la société, sont douées d'une grande susceptibilité nerveuse. Nous avons fait la remarque que les quatre plus grands écrivains du siècle dernier, Rousseau, Montesquieu, Buffon et Voltaire, en étaient atteints. »

D'après nos recherches sur les maladies des artisans et l'hygiène des professions (1), nous avons pu constater que la myopie était très fréquente chez les graveurs, les ciseleurs, les horlogers, les opticiens, les mineurs, et les hommes qui sont forcés de séjourner dans les cachots, la cale des navires, etc.

Ajoutons à cela que dans les villes l'horizon est borné, les appartements sombres, les classes des colléges mal éclairées, l'enfant apprend à lire dans

(1) Traité pratique des maladies des yeux. Paris, 1841, chez J.-B. Baillière.

un livre qu'on lui approche trop près des yeux pour fixer mieux son attention ; on le fait écrire penché sur une table, on lui donne des livres d'étude dont les caractères sont fins, souvent usés, et le papier détestable, etc., etc.

Les Arabes, au contraire, libres, exerçant leur vue sur un vaste horizon, n'ayant aucune profession qui les force à travailler sur de ████ts objets, la grande majorité ne sachant ni lire ni écrire, ne se trouvent dans aucune des mauvaises conditions énumérées plus haut.

Une dernière raison de la rareté de la myopie chez ce peuple, c'est le degré d'ouverture de l'iris. La grande dilatation de la pupille a été considérée comme un des caractères physiologiques de la myopie. On sait, en effet, que les enfants en bas âge ont naturellement la vue très courte, parce que la pupille est, chez eux, plus dilatée que dans l'âge adulte. Il est très facile de comprendre que l'Arabe, toujours exposé à une lumière très vive, à un soleil ardent, doit avoir la pupille très rétrécie, et par conséquent ne pas être sujet à la myopie.

Conclusions. — D'après les observations qui précèdent, nous croyons pouvoir tirer les conclusions suivantes :

1° Tout en admettant la théorie fondée sur les lois les mieux démontrées de la physique, qui expliquent les vues courtes ou longues par la convexité, ou la moindre saillie de la cornée et du cristallin, nous croyons cependant que dans le plus grand nombre des cas la cause de la myopie ne gît pas uniquement dans la configuration des membranes ou dans la densité des milieux transparents que traverse la lumière.

2° Je sais que les chirurgiens qui ont pratiqué la ténotomie oculaire, pour produire *l'affaissement de la cornée* et guérir la myopie, ne seront pas de mon avis; mais le fait de plusieurs milliers d'Arabes, de Kabyles et de peuples nomades, ayant les yeux saillants et les cornées bombées, ne se servant jamais de lunettes (1), et voyant à des distances considérables, est un argument plus concluant pour moi que toute espèce de raisonnement.

3° Sur dix cas de myopie qu'on observe chez les adultes, une fois elle est congéniale, et neuf fois acquise, résultant de l'éducation, des mœurs et de l'exercice professionnel.

4° Si la myopie a quelquefois pour cause un vice primitif de la configuration du globe de l'œil, les résultats de ce défaut congénial étant peu prononcés dans le premier âge, une gymnastique oculaire convenable, l'éloignement des causes sus-indiquées et le choix d'un état qui ne force pas les

---

(1) On rencontre, il est vrai, en Algérie, des indigènes avec des lunettes, mais ce sont des maures et des juifs des villes qui exercent différentes industries qui fatiguent la vue.

enfants à travailler sur de petits objets, suffisent à corriger ou à faire disparaître le vice de conformation, considéré mal à propos comme incurable. (1)

5° Enfin, nous avons voulu insister sur ce sujet, parce que, jusqu'à présent, toutes les fois qu'il s'est agi de myopes, l'esprit s'est reposé sur une routine conventionnelle, transmise de génération en génération par les théories d'optique, en sorte que les médecins et les malades ont négligé de rechercher et d'éloigner les véritables causes qui produisent la myopie, ou qui en augmentent l'intensité.

Sclérotique. — La sclérotique présente, chez les Arabes et chez les nègres surtout, une teinte ictérique, due, comme on sait, à la constitution bilieuse de ces peuples. Cette teinte jaunâtre est plus ou moins claire, selon le lieu qu'ils habitent et la couleur plus ou moins foncée de leur peau. La sclérotique est souvent sillonnée de petites vascularités

_____

(1) Les recherches faites par M. le docteur Cunier, ne laissent plus aucun doute sur la guérison de la myopie, lorsqu'on s'y prend à temps et à l'aide de moyens convenables. « J'ai réussi, dit-il dans ces derniers temps, à guérir ou du moins à modifier par l'exercice au moyen des verres et en diminuant chaque jour de foyer, puis enfin à l'œil nu, plusieurs cas de myopie et de presbyopie des plus prononcés. J'en ferai prochainement l'objet d'un mémoire, qui sera d'autant plus curieux que ces deux vices de la vision sont généralement réputés incurables. » *Annales d'oculistique*, troisième année, t. III.

variqueuses qui résultent d'ophthalmies chroniques mal soignées.

§ II.

MUSCLES DE L'ŒIL.

L'œil, chez les Arabes, étant continuellement
mis en exercice, soit pour regarder à grandes distances, soit pour se défendre de l'action intense
d'une lumière très vive, les muscles qui le mettent
en jeu doivent naturellement se ressentir de cet
excès d'exercice. Aussi, dans nos dissections,
avons-nous remarqué que les fibres musculaires
étaient très développées et plus rouges que chez
les Européens. Nous n'attachons pas beaucoup
d'importance à cette dernière observation, car
elle pouvait tenir à une disposition individuelle ou
à quelque cause cadavérique. Toutefois, ce que
nous avons observé sur les muscles de l'œil chez
les indigènes, Larrey l'avait remarqué pour les
muscles en général. « Le système musculaire ou
locomoteur, dit ce chirurgien, est fortement prononcé chez les arabes; ses fibres sont d'un rouge
foncé, fermes et très élastiques, ce qui explique la
force et l'agilité de ce peuple (1). »

M. Rousseau, naturaliste au Muséur. d'histoire
naturelle, en disséquant des nègres, a trouvé que

(1) Compte rendu de l'Académie des sciences, t. VI.

leurs muscles étaient très rouges, et M. Broc (1) a observé que le sang des nègres est plus foncé que celui des blancs ; leur bile et leurs humeurs offrent le même caractère, ainsi que le tissu des muscles ; les membranes muqueuses sont d'un rouge très vif.

§ III.

IRIS.

Comme la cornée, l'iris est très petit chez les Arabes ; le trou pupillaire est généralement rétréci. La grande dilatation de la pupille est très rare, et on ne la rencontre que dans quelques cas d'amaurose, qui, nous le verrons ailleurs, n'est pas fréquente en Afrique. La couleur de l'iris chez les indigènes est en rapport avec celle de leur peau et de leurs cheveux. L'iris varie du brun-clair au noir très foncé, et chez les nègres il est tellement noir qu'on le distingue à peine de la pupille.

On sait que quelques praticiens, Rosas, Weller et Sichel, ont prétendu que le glaucôme est plus fréquent sur les yeux bruns et noirs que sur les yeux gris et bleus. Nous verrons plus tard, en parlant de la rareté de l'amaurose et du glaucôme en Afrique, que cette opinion n'est pas fondée,

Quant à la structure de l'iris, nous avons re-

(1) Essai sur les races humaines. — Paris, 1836.

marqué, dans les yeux de Kabyles que nous avons disséqués, que cette membrane offrait beaucoup plus d'épaisseur et de résistance que l'iris des Européens.

Ces particularités de structure présentaient beaucoup de ressemblance avec le tissu fibreux; les anatomistes (Ruysch, Winslow, Cheselden, et, dans ces derniers temps, MM. Maunoir, Carron du Villards, Valentin, Lauth et Giraldés), qui admettent des muscles iriens à fibres radiées et circulaires dans la lame moyenne de l'iris, n'auraient pas hésité à croire qu'ils avaient affaire à un vrai tissu musculaire. Quant à nous, l'examen attentif que nous avons fait de cette lame moyenne nous a convaincu qu'elle était de nature vasculaire, et que l'épaisseur et la densité des trois lames, le tissu cellulaire serré, presque fibreux qui les unissait, n'étaient dus qu'à l'action excessive et souvent répétée d'une lumière très vive sur l'iris, qui, forcé de se dilater et de se rétrécir continuellement pour diminuer la masse des rayons lumineux et préserver le fond de l'œil de l'action irritante de ces rayons, s'épaissit, devient plus dense, et présente, chez les Kabyles, le caractère cellulo-fibreux dont nous venons de parler.

Au surplus, les travaux récents de M. d'Ammon et de M. Fallot (1), et les ingénieuses recherches

(1) Annales d'Oc., t. II.

de M. Grimelli de Modène (1), ne laissent plus, à mon avis, le moindre doute sur la nature *vasculo-érectile* de l'iris, avec prédominance du système artériel. A l'aide d'injections d'huile d'olive ou de noix, M. Grimelli a observé que l'iris se gonflait et se contractait de plus de la moitié de son diamètre, de la même manière que lorsque la rétine est frappée par la lumière pendant la vie, Il a constaté en outre que les vaisseaux rayonnés de l'iris sont fixes vers le grand cercle et mobiles vers le petit, d'où il résulte que l'afflux et la turgescence sanguine déploient l'iris, en resserrant la pupille, et qu'au contraire le retour du sang, la diminution de la turgescence, reploient la membrane en dilatant l'ouverture pupillaire. Cette expérience confirme également l'opinion d'Haller et d'Hilderbrand, qui attribuaient la contraction et la dilatation de la pupille à des vaisseaux sanguins érectiles.

La lame postérieure de l'iris, connue sous le nom de membrane *uvée*, est également épaisse et d'un noir excessivement foncé chez les Kabyles. On sait que c'est à la membrane uvée qu'appartient la matière colorante de l'iris, et que c'est dans cette partie postérieure de l'iris, appelée *venosa* par d'Ammon, que sont sécrétés le fer et le carbone du sang.

Chez les indigènes, l'iris, antérieurement, est

(1) Memoriale della medicina contemporanea. — Ann. d'Oc., t. VI.

un peu plus convexe et bombé que chez les Européens. Cela est dû aussi aux rétrécissements continuels de l'iris.

Même en Europe, on a observé (Ribes) (1) que la convexité de l'iris augmente, quand on regarde des objets éclairés par une lumière très vive, et lorsque la prunelle se rétrécit, alors la chambre postérieure a un peu plus de grandeur. La convexité de l'iris diminue, au contraire, quand on regarde les objets dans un lieu sombre ; c'est qu'alors la chambre postérieure devient moins grande. Voici l'explication que donne de ce phénomène le savant et consciencieux anatomiste que nous venons de citer. L'humeur aqueuse qui s'écoule du corps vitré à la circonférence du cristallin, pousse l'iris en avant, selon que cette humeur a plus ou moins de facilité à passer de la chambre postérieure dans l'antérieure. En effet, on voit que lorsque la prunelle devient plus petite, l'humeur aqueuse, ne pouvant passer que difficilement dans la chambre antérieure, s'amasse en plus grande quantité dans la postérieure ; l'iris présentant, dans ce cas, plus de surface par le rétrécissement de la prunelle, est poussé naturellement vers la cornée transparente.

Cristallin. — Le cristallin chez les Arabes est en rapport avec la cornée, l'iris et la pupille ; il est le plus souvent petit et très convexe. — Ne pourrait

(1) Mémoires d'anatomie et de physiologie.

ou pas attribuer au petit volume et à la forme de ces moyens de réfraction de convergence et de transmission des rayons lumineux, une concentration plus forte de ces rayons et par conséquent, le regard perçant des Arabes et la faculté qu'ils ont de distinguer les objets de très loin? cette remarque n'est présentée ici que comme conjecture.

§ IV.

CHOROÏDE.

Nous terminerons ce court exposé de l'anatomie et de la physiologie de l'œil chez les indigènes de l'Algérie par quelques mots sur la choroïde. Dans les yeux que nous avons disséqués, la choroïde était très dense et le pigmentum offrait quelques particularités importantes ; il formait une couche aussi épaisse que chez les oiseaux , noircissait l'eau et présentait sous les doigts une pulpe un peu résistante. C'est ici le lieu de faire quelques remarques comparatives sur la nature du pigment chez les Européens et chez les peuples qui habitent l'Afrique. « En Europe la couleur du pigment est très variable ; il est très noir chez les individus jeunes , plus pâle chez les adultes et jaunâtre chez les vieillards ». (Petit), *Mémoire lu à l'Académie des sciences.*

Chez les Européens qui s'occupent de travaux de cabinets et de bureaux ou qui travaillent sur de petits objets, le fond de l'œil offre souvent une légère coloration grisâtre ou jaune-verdâtre et d'une forme concave. En Afrique, au contraire, nous avons trouvé que le pigment était presque toujours noir, même chez la plupart des vieillards. Nous n'avons pas pu remarquer comme en Europe cette teinte vert-de-mer du fond de l'œil, qui est quelquefois le caractère de la vieillesse et n'altère pas la vision, et qui d'autres fois constitue le glaucôme. C'est à M. Sichel, qu'on doit d'avoir établi des notions précises sur le siége du glaucôme et sur le diagnostic différentiel des colorations des parties profondes de l'œil; dans une monographie intéressante, vrai modèle d'érudition ophthalmologique, ce praticien, contrairement à l'opinion des auteurs, a prouvé, que le siége du glaucôme est dans la choroïde, et que la coloration gris-verdâtre chez les veillards et chez les personnes affectées de glaucôme, n'est dûe qu'à la combinaison de deux couleurs différentes, c'est-à-dire à la teinte violacée et bleuâtre de la choroïde et à la couleur jaunâtre que prend le cristallin dans la vieillesse; la preuve de cela c'est que la nuance verdâtre disparaît quand une de ces deux conditions manque, comme par exemple quand on extrait le cristallin.

L'épaisseur et la couleur excessivement foncée du pigmentum chez les Africains présentent quelques considérations physiologiques et pathologiques très importantes. 1° Sans l'épaisseur et la colora-

4

tion très foncée du pigment, une grande masse de rayons lumineux ne serait pas absorbée avant d'arriver à la rétine, et cette membrane toujours frappée par une clarté très vive, serait continuellement irritée ; la vision deviendrait confuse et l'œil à la longue perdrait complètement la faculté visuelle. Voyons en effet ce qu'on observe chez les Leuco-Ethiopiens dont l'iris et la choroïde sont dépourvues de pigmentum, et dont les yeux sont d'un rouge pâle, l'iris légèrement rosé et presque incolore. Les Leuco-Ethiopiens ou *nègres-blancs*, supportent difficilement le contact de la lumière et pour regarder les objets ils ferment à demi les paupières, et sortent de préférence pendant le crépuscule du matin ou du soir. L'absence du pigment à la partie postérieure de l'iris rend cette membrane transparente, et lui ôte le pouvoir réfringent, de sorte que les rayons lumineux n'étant absorbés, ni par les cils et les sourcils, ni par l'enduit postérieur de l'iris ou *uvée*, frappent violemment la rétine, et produisent une sensation confuse ; aussi les Leuco-Ethiopiens sont-ils généralement myopes et nyctalopes. On voit donc que l'absence ou la diminution du pigmentum produit des troubles considérables dans les fonctions visuelles.

Enfin, nous avons observé que l'amaurose était très rare parmi les indigènes, et les quelques cas d'amaurose et de glaucôme qu'on rencontre en

Afrique, sont le résultat de rétinites chroniques ou d'ophthalmies très intenses et surtout de choroïdites. Ce que nous avons dit sur la myopie, trouve également ici son application, c'est-à-dire que l'absence des causes professionnelles et surtout du travail intellectuel, l'exercice au grand air et l'abstinence de liqueurs spiritueuses doivent nécessairement préserver les Arabes de ces terribles maladies ; mais ne pourrait-on pas considérer la densité et la coloration très foncée du pigmentum comme cause probable de la rareté de l'amaurose chez ces peuples ? Si, comme nous venons de le prouver, cette disposition organique du pigment noir chez les Arabes modifie les rayons lumineux et préserve la rétine de leur intensité, n'est-il pas évident que cette membrane se trouve moins irritée et que les fonctions des parties nerveuses qui concourent à la formation de l'appareil optique s'exercent d'une manière plus régulière et plus normale? Mettons de côté l'amaurose produite par une cause congestive ou par une affection primitive de la rétine du nerf optique ou du cerveau, il est incontestable que dans beaucoup de cas la goutte sereine reconnaît pour cause une sur-excitation produite par l'action intense des rayons lumineux et surtout de la lumière artificielle, toutes circonstances qui finissent par affaiblir ou éteindre complètement la sensibilité de la rétine.

Une dernière preuve, que nous croyons sans

replique, sur l'influence de la densité et de la coloration foncée du pigment comme cause *préserva-*
trice de l'amaurose, c'est que, sept fois sur dix, les
yeux des personnes affectées d'amaurose et même
d'amblyopie présentent un reflet concave d'un jaune
grisâtre comme chez le fœtus et chez les vieillards,
ce qui indique l'absence ou la diminution du pigmentum. En effet, les praticiens peu versés dans
le diagnostic différentiel des affections profondes
de l'œil prennent souvent pour une cataracte commençante la couleur grisâtre dont nous venons de
parler.

De ce qui précède, nous avons essayé de tirer
des inductions thérapeutiques qui pourraient être
de quelque utilité dans l'amblyopie et dans l'amaurose commençante, toutes les fois qu'il n'y a pas
de lésions organiques. On sait que la matière colorante noire qui couvre la lame interne ou ruis-
chienne de la choroïde est un produit de la sécrétion dont la couleur est due à du protoxyde de fer.
En procédant par analogie, nous nous sommes demandé s'il n'était pas possible de faire pour la lame
choroïdienne dépourvue de pigmentum ce qu'on
fait avec succès pour le sang dépourvu de fer dans
la chlorose. Les résultats de nos premiers essais
nous ont encouragé à entreprendre sur les animaux
et sur l'homme une série d'expériences que nous
soumettrons prochainement dans un autre travail,
à l'examen des observateurs.

CHAPITRE III.

OPHTHALMIES D'AFRIQUE.

§ I.

PREMIÈRE PÉRIODE. *

Conjonctivite oculo-palpébrale. — L'inflammation de la conjonctive oculaire ou palpébrale au premier degré est une des ophthalmies les plus fréquentes et les plus bénignes qu'on rencontre en Afrique. Cette affection peut être partielle ou générale, monocle ou binocle. Au début de la maladie, on éprouve une légère démangeaison entre l'œil et les paupières : on croirait avoir des grains de sable dans les yeux ; ce phénomène est dû au grossissement de calibre des vaisseaux de la conjonctive. La rougeur, la douleur, la tuméfaction et la chaleur sont les caractères principaux de la conjonctivite oculo-palpébrale ; de même qu'en Europe, nous avons cru distinguer deux degrés différents dans cette affection : le premier, le moins in-

---

(*) C'est pour résumer le plus possible notre travail, que nous employons ici le mot *période* ; car il est facile de comprendre que ces différentes affections, en Afrique comme en Europe, constituent souvent des maladies distinctes, isolées, différentes de cause, de siége et de résultat, plutôt que des *périodes* ou des degrés successifs d'une seule et même maladie.

tense, et que les anciens nommaient *taraxis*, se montre sous la forme d'une légère rougeur de la conjonctive, dans un point quelconque de son étendue ; cette rougeur est rarement uniforme et se présente plutôt sous l'aspect d'une injection de vaisseaux noueux, variqueux rassemblés en groupes ou en faisceaux dirigés de la conjonctive scléroticale vers la circonférence de la cornée ; il y a souvent légère photophobie, larmoiement, mais jamais de fièvre. Le degré le plus élevé est le chémosis ou boursoufflement muqueux avec rougeur intense, tuméfaction de la conjonctive, développement des vaisseaux les plus ténus, photophobie, larmoiement, douleurs poignantes de l'œil, augmentées par le mouvement des paupières. Dans d'autres cas, lorsque la maladie est à son plus haut degré d'intensité il y a suppression complète de larmes ou *xeroma* (sécheresse), le tout accompagné de fièvre et d'insomnie.

Dans le second degré de la conjonctivite, les fonctions visuelles se bornent à la perception de la lumière, et encore est-elle imparfaite. — La conjonctivite au premier degré se termine presque spontanément sans laisser de traces. Dans le deuxième degré, au contraire, l'affection se résout rarement ; elle se termine souvent par la suppuration ou l'exudation ; lorsque celle-ci commence, le malade est presque toujours atteint de frissons et d'horripilations. Plusieurs points de la conjonctive

paraissent soulevés, et c'est là que se forment de petites collections purulentes ; la conjonctive est alors
d'un rouge vineux ; les malades y accusent des
douleurs poignantes et pulsatives. Si la suppuration est rapprochée de la cornée, celle-ci devient
légèrement opaque dans un ou plusieurs points
de sa circonférence.

Les symptômes inflammatoires et fébriles dimi-
nuent presque toujours dès l'instant que la suppuration commence ; d'autres fois, la conjonctive
est recouverte d'exudations plastiques qui restent
plusieurs jours.

Nous avons remarqué une différence entre les
conjonctivites d'Afrique et celles qu'on observe en
Europe ; dans ce dernier pays sur cent conjonctivites
simples, deux ou trois à peine se terminent par la
purulence, tandis qu'en Afrique, surtout dans les
tribus et dans les douairs sur le même nombre,
quinze environ finissent par la suppuration plus
ou moins intense qui va souvent jusqu'à la fonte
de l'œil ; dans un grand nombre de cas, le ramollissement de la cornée produit des leucomas très
étendus qui lui font perdre toute sa transparence.

Il est rare en Afrique de rencontrer des *granulations* dans les conjonctivites qui présentent des
caractères purulents ; cette observation nous ser-
vira plus tard dans l'examen de la question importante de savoir, si l'ophthalmie de l'Afrique sep-

tentrionale a quelque rapport avec l'ophthalmie
dite Égyptienne.

DEUXIÈME PÉRIODE.

Kératite, — Lorsque les groupes de vaisseaux
noueux et variqueux de la conjonctive enflammée
dont nous venons de parler, franchissent la circonférence de la sclérotique et se répandent sur la surface antérieure de l'œil et sur les différentes lames
de la cornée, ils constituent la kératite. Comme
la conjonctivite, la kératite a des degrés d'intensité
bien distincts, c'est-à-dire l'*injection rouge*, le
ramollissement et la *suppuration*. Lorsqu'une
cause quelconque a enflammé la cornée, le malade éprouve un resserrement douloureux dans
l'œil et dans l'orbite; c'est surtout pendant la nuit
que cette sensation est le plus prononcée ; l'œil est
en proie à une tension incommode, et chaque
mouvement des paupières produit un abondant
épiphora. Si la maladie est consécutive à une conjonctivite, c'est la face externe de la cornée qui
commence à devenir opaque; lorsqu'au contraire
la maladie est le résultat de l'inflammation des
parties internes, c'est la surface concave de la
cornée qui perd sa transparence.

Quant à la photophobie ou aversion de la lumière, ce n'est pas un symptôme caractéristique
des maladies de la cornée, ainsi que l'ont prétendu

quelques praticiens; la photophobie, nous l'avons
déjà prouvé dans un autre travail, (1) n'est pour
nous qu'un symptôme purement nerveux, qui n'a
pas de siége spécial, qui n'appartient en propre à
aucune des maladies de l'œil, et qui peut manquer
ou exister dans la kérato-conjonctivite la plus simple
comme dans la rétinite la plus intense ; c'est enfin
un symptôme spécial, une névralgie qui se manifeste dans les lésions de l'organe de la vue, comme
le délire dans la plupart des maladies du cerveau.

Que la kératite soit idiopathique, sympathique
ou consécutive, sa durée est toujours fort longue
et sa terminaison incertaine; tantôt une affection
légère entraîne un obscurcissement profond, tantôt une inflammation violente produit à peine un
nuage; souvent la cornée s'ulcère au moment où
l'on y pense le moins; d'autres fois, elle se mortifie
et tombe en gangrène sous l'influence de l'étranglement; enfin on rencontre de temps en temps, à
sa face postérieure, des exudations qui troublent
l'humeur aqueuse et obstruent la pupille.

Nous avons trouvé dans les tribus et dans les
douairs, que la conjonctivite et la kératite étaient
plus fréquentes chez les femmes que chez les hommes; nous chercherons, en parlant des causes des
ophthalmies, à donner l'explication de ce fait.

_____

(1) De la localisation et de la spécificité des ophthalmies. — *Bulletin de
thérapeutique*, août 1844.

TROISIÈME PÉRIODE.

Iritis. — Tant que l'inflammation de la cornée
n'est pas intense, l'iris ne change ni de forme ni
de couleur; mais à mesure qu'elle augmente, la
pupille devient immobile et l'iris se décolore; la
vue, considérablement diminuée, se réduit à la
simple perception de la lumière, dans le commencement de la maladie, la pupille se rétrécit,
mais elle n'est pas absolument fermée. Plus le mal
fait de progrès, plus l'iris devient d'un gris rougeâtre; la saillie de l'iris, vers la cornée, diminue
considérablement la chambre antérieure; la sclérotique prend une couleur d'un rouge d'œillet; la
cornée perd graduellement sa transparence; les
transudations de ces diverses membranes et l'ouverture de petits épanchements internes produisent une accumulation de matière muco-puru-
lente (*hypopion*). Les personnes qui en sont affectées éprouvent des maux de tête insupportables,
un trouble général dans tout l'organisme; des in-
somnies et même le délire. Le malade se plaint de
pesanteur et de froid dans l'œil, et parfois de batte-
ments lumineux, toujours suivis d'un larmoiement
d'autant plus incommode que les larmes sont brûlantes et augmentent la douleur: tels sont les principaux symptômes des deux premiers degrés de
l'iritis.

Lorsque cette maladie a pris un certain développement, il est difficile d'en obtenir la résolution
complète, et son pronostic est toujours grave; il
en est de même des iritis auxquelles on applique
des traitements inopportuns ou incomplets, ce
qui arrive ordinairement en Afrique; cette affection est sujette à de fréquentes recrudescences au
moment où on la croit le plus près de sa guérison.

Comme nous venons de le dire, la résolution
étant lente, l'inflammation est d'autant plus suivie
de transformations organiques que le tissu de l'i-
ris est pourvu d'un système vasculaire très développé; aussi rien n'est-il plus fréquent que de
voir une iritis simple en apparence, suivie d'exudations lymphatiques, qui varient de forme et de
volume, depuis la simple moisissure ou efflorescence, jusqu'à la pseudo-membrane. Ces exudations modifient presque toujours le champ de la
pupille et en changent les formes. Il n'est pas rare
de voir l'exudation se transformer en une véritable suppuration. Dans d'autres circonstances, la
violence de l'inflammation occasionne des exhalations sanguines et plastiques, et les adhésions des
bords pupillaires amènent l'occlusion de la pupille
(*atrésie de la pupille*). Ces différentes productions
anormales de la face antérieure ou postérieure de
l'iris produisent souvent des adhérences et des
changements de position de cette membrane, ce

que l'on nomme *synéchie* antérieure ou postérieure, selon son siége.

En Afrique, l'iritis simple est moins fréquente que la kératite et la conjonctivite; mais l'iritis syphilitique et l'iritis consécutive des affections scrofuleuses se rencontrent souvent.

DERNIÈRE PÉRIODE DE L'OPHTHALMIE.

Phlegmon oculaire (ophthalmitis). — Le phlegmon oculaire ou inflammation idiopathique du globe de l'œil est une des maladies oculaires les plus communes parmi les Arabes, et qui entraîne le plus souvent la fonte de l'œil et la cécité. Le phlegmon oculaire n'attaque pas seulement toutes les membranes du globe, mais il envahit encore les paupières, le coussinet graisseux qui supporte le bulbe, et l'orbite elle-même. Cette maladie débute presque toujours par une douleur pongitive du bulbe de l'œil s'irradiant aux sourcils, à la tempe et au fond de l'orbite; les souffrances sont déjà très grandes avant que la conjonctive soit fortement injectée; cependant il y a photophobie sans que la sclérotique ait changé de couleur. Puis tout à coup, l'injection vasculaire des diverses enveloppes de l'œil se prononce, le bulbe se tend, les paupières se gonflent, les artères de l'orbite battent avec violence: alors la fièvre devient très intense, l'œil ressort de sa cavité osseuse, le malade est en proie à des douleurs intolérables ; très souvent il délire ; il éprouve une somnolence qui se termine quelquefois par un épanchement ou par la mort. L'iris perd sa couleur naturelle ; la vue, considérablement affaiblie dès le début, finit par s'éteindre entièrement.

De même que toutes les inflammations phlegmoneuses, celle de l'œil se termine assez promptement ; il est rare qu'on parvienne à en obtenir la résolution ; celle-ci ne s'opère que sous l'influence d'un traitement énergique. Presque toujours il se forme une suppuration plus ou moins abondante ; trop souvent la violence de l'inflammation détermine le sphacèle, suite inévitable de l'étranglement. Les inflammations profondes de l'œil et de ses annexes sont d'autant plus dangereuses que l'orbite est profondément envahie ; car, dans ce cas, l'inflammation se transmet fort souvent aux méninges et de là au cerveau. Si, au commencement de la maladie, on parvient à limiter l'inflammation et surtout à empêcher l'étranglement, on peut espérer de voir le phlegmon oculaire se terminer d'une manière favorable. Nous avons observé le phlegmon oculaire à Constantine et dans quelques douairs des environs d'Oran et de Bone.

§ II.

AFFECTIONS SYPHILITIQUES DE L'OEIL.

Avant de parler des ophthalmies syphilitiques
chez les Arabes, disons quelques mots sur l'intensité et la fréquence des maladies vénériennes
en Algérie. Dans les tribus comme dans les villes,
le nombre des personnes affectées de ces maladies
est considérable; ce n'est pas qu'elles soient plus
fréquentes que dans les villes d'Europe; mais de
même que les ophthalmies, la maladie vénérienne
se propage plus facilement et devient plus opiniâtre chez les indigènes, à cause de la malpropreté
et de la négligence des moyens prophylactiques et
thérapeutiques.

La maladie vénérienne était plus rare et moins
grave parmi les musulmans des villes avant notre
conquête; aussi on n'observait pas autrefois chez
eux, comme en Europe, cette foule d'affections de
mauvaise nature qui sont la suite de l'infection
syphilitique.

Parmi les indigènes des villes, les Maures fournissent le plus grand contingent de filles publiques;
presque toutes se prostituent par misère;
la plus grande partie des filles admises dans les
dispensaires des vénériens d'Alger et de Constantine,
sont des mauresques. Toutefois, à Alger, on remar-

que aussi beaucoup de juives parmi ces femmes; mais à Constantine il n'y a presque pas de filles juives inscrites; leurs mœurs sont meilleures que chez leurs coreligionnaires d'Alger et des autres villes de la Régence; il est même rare de voir des femmes juives prostituées avant leur mariage.

M. le docteur Vital, médecin en chef de l'hôpital militaire de Constantine et du dispensaire des vénériens, a eu occasion d'observer trois fois le *pian* (*frambœsia*) chez une fille publique très brune, qui avait peut-être du sang nègre dans les veines, chez une mulâtresse, et enfin chez une femme arabe des douairs des environs de Constantine.

D'après les observations de MM. Guyon et Baudoin, cette maladie est aussi fréquente dans l'Atlas, dans Bélad-el-Djérid, à Bone, etc. Les Arabes l'appellent *douny* ou *Mord-el-Kébir*; on la remarque assez souvent à Alger, surtout parmi les noirs. Les indigènes traitent le pian par une diète très sévère qu'ils cherchent quelquefois à prolonger jusqu'à quarante jours, comme le *Ramadan* ou carême des musulmans. Ainsi que chez les Arabes, chez les Maures, le *frambœsia* se rencontre souvent et il est très opiniâtre, ce qui tient peut-être à la fréquence des maladies dartreuses.

Le traitement thérapeutique qu'emploient souvent les Arabes contre le pian et contre les autres affections vénériennes, consiste dans l'administration d'un opiat, de certaines pilules, et d'un régime particulier, connu sous le nom de diète sèche.

Les pilules se composent de :

Mercure coulant pur, }
Deuto-chlorure, }
Séné, } De chaque, 2 grammes.
Racine de pyrètre, }
Agaric, }
Miel, q. s.

On réduit en poudre les substances végétales ; on divise exactement le mercure coulant avec le deuto-chlorure de mercure, jusqu'à ce que les globules métalliques aient complétement disparu ; ensuite, avec le miel, on fait une masse qu'on divise en pilules de 20 à 25 centigrammes. — Le malade en prend deux par jour.

L'opiat est composé ainsi qu'il suit :

Salsepareille,	150	grammes.
Squine et séné,	90	id.
Coquilles de noisette torréfiées,	30	id.
Gérofle,	4	id.
Miel, q. s.		

On en prescrit soir et matin depuis 8 jusqu'à 15 grammes, en l'associant à une tisane sudorifique : pendant la durée de cette médication, qui varie de 30 à 50 jours, on alimente les malades avec des raisins, des figues sèches, des noix et des amandes torréfiées, etc.

Ce traitement aurait été importé en France,

selon M. Jaumes, (1) par un pharmacien espagnol ; et les médecins de Marseille et de Montpellier l'emploient avec succès depuis longues années.

Nulle part les ophthalmies syphilitiques ne sont aussi communes qu'à Constantine ; lorsque j'ai visité cette ville, sur soixante femmes publiques inscrites, quinze étaient atteintes d'ophthalmies syphilitiques. Les conjonctivites blennorrhagiques se développent souvent avec une rapidité effrayante ; rarement elles se terminent par résolution : en moins de quarante-huit heures, les cornées se ramollissent et la fonte purulente envahit tout l'organe. M. le docteur Vital nous a rapporté avoir donné des soins à un Arabe nommé Beugrah, frère de Ben-Oueni, Kaïd Dhameur, qui était atteint d'une ophthalmie gonorrhoïque négligée, laquelle en quarante-huit heures arriva à une telle gravité que les yeux furent perdus.

Iritis syphilitique. — Parmi les cas d'iritis syphilitique que j'ai observés chez les indigènes d'Alger et de Constantine, et dans les tribus environnantes d'Oran et de Bone, j'ai rencontré exactement les symptômes décrits par les auteurs modernes et surtout par M. Carron du Villards dans son excellent travail *sur l'iritis.* Voici les caractères principaux qu'on remarque dans ces espèces d'iri-

_____

(1) *Journal de la société pratique de Montpellier.*

5

tis : rougeur intense du cercle sclérotico-cornéen
photophobie, larmoiement, douleur pongitive dans
l'organe, état de gonflement de l'œil, teinte ro-
sacée de la sclérotique qui s'évanouit à mesure
qu'elle s'éloigne de l'anneau vasculaire du pour-
tour de la cornée; dans d'autres cas, l'iris s'obscur-
cit et se couvre d'exudations qui modifient la
forme, les mouvements et les fonctions de l'iris et
de la pupille. Plus les symptômes inflammatoires
augmentent d'intensité, plus les rapports intimes
qui existent entre l'iris, la cornée et la sclérotique,
rapports inaperçus à l'état sain, deviennent évi-
dents à l'état pathologique. A une époque plus
avancée de la maladie, la mobilité de l'iris cesse
graduellement; la pupille se rétrécit; la substance
de l'iris elle-même se modifie, se boursouffle et se
couvre de villosités assez apparentes qui dimi-
nuent le diamètre antéro-postérieur de la chambre
antérieure; la couleur de l'iris est d'un rouge-
orange; ce signe diagnostic différentiel suffirait à
lui seul pour faire reconnaître une affection spécifique. Ces divers symptômes sont accompagnés
de douleurs dans l'orbite assez fortes, pongitives,
ou névralgiques. Ces douleurs, ordinairement
plus violentes pendant la nuit, se produisent par
accès et sont suivies de photophobie, de photopsie
et surtout de larmoiement très incommode, qui
ne permettent pas au malade de dormir un
instant. Le calme et l'apyrexie reparaissent avec

le jour. Souvent il se forme sur l'iris de petites nodosités qui, vues au microscope, ont été comparées par Beer à de véritables condylômes. Ce sont plutôt de petits abcès qui s'ouvrent et répandent dans la chambre antérieure une espèce de matière lymphatique qui se précipite et forme l'hypopion.

L'iritis syphilitique aiguë se termine promptement par la suppuration de l'iris, et même souvent par celle de l'œil. L'iritis consécutive, au contraire, a une marche longue et insidieuse ; elle ne détruit point l'organe, comme la maladie primitive, mais elle en détruit les fonctions par la production de pseudo-membranes et d'oblitération de la pupille.

Le pronostic de l'affection syphilitique est toujours grave ; il faut se hâter d'en arrêter la marche par un traitement énergique et rationnel, tel que les antiphlogistiques, et les mercuriaux surtout, qui, dans ce cas, ont le double avantage d'agir contre la cause spécifique et contre l'affection inflammatoire, en détruisant la plasticité du sang.

On voit, par ce que nous venons de dire sur l'iritis, que les affections syphilitiques secondaires sont très communes et très graves en Afrique. Nous avons insisté sur ce point, parce qu'on a remarqué tout récemment que, dans d'autres pays les ophthalmies syphilitiques secondaires n'étaient pas dans les mêmes proportions que la maladie

vénérienne primitive. Ainsi, Macpherson a observé
que la syphilis est excessivement commune au
Bengale, tant parmi les Européens que parmi les
naturels du pays, mais que jamais on n'y observe
l'iritis syphilitique (1). M. Arch. Smith signale la
même circonstance pour le Pérou ; les affections
syphilitiques secondaires sont en quelque sorte
inconnues dans ce pays.

§ III.

OPHTHALMIE SCROFULEUSE.

Comme l'ophthalmie syphilitique, l'affection
scrofuleuse de l'œil est très commune en Afrique ;
elle affecte de préférence les habitants des villes
et surtout les juifs.

Chez les arabes de l'intérieur, cette espèce d'ophthalmie est moins commune parce que le scrofule
lui-même (*khranzir*), est moins fréquent que dans
les villes. Toutefois, dans les gorges et les vallées
humides qui séparent les hautes montagnes, les
maladies strumeuses offrent des particularités remarquables dans le siége et dans l'intensité des
symptômes. Ainsi M. Guyon, (2) a observé que les

(1) *London*, *méd. gaz.* — *Annales d'Oculistique,* 3° vol. supplémentaire ;
année 1843.

(2) Notice médicale sur un voyage dans le Petit-Atlas et le Bélad-el-Djerid, par M. Baudoin. — *Gaz. méd.*, année 1838.

scrofules faisaient des ravages dans quelques localités
de l'Atlas; leurs principaux symptômes consistent
en des engorgements sous les machoires à la partie supérieure du sternum, aux différentes articulations des membres, notamment à celles du coude,
du genou et du pied. Lorsque ces engorgements
s'abcèdent, il en sort un liquide séreux comme de
l'eau. Au fond des plaies se voient souvent des portions d'os dénudées et noires, qui après un temps
plus ou moins long, finissent par se détacher ; alors
les malades guérissent.

Nous nous abstiendrons d'établir un point de
comparaison entre la prétendue fréquence des
scrofules parmi les arabes, et les progrès effrayants
que fait cette affection dans nos villes d'Europe ;
bornons-nous à dire que, lorsqu'on a observé
cette maladie dans les grands centres manufactu-
riers, dans les quartiers populeux et indigents de
Paris, Londres, Naples, Rome, etc., lorsqu'on a
examiné le relevé statistique des hôpitaux destinés
surtout aux enfants, on est étonné au premier
abord de voir que l'affection strumeuse, n'offre
pas la même fréquence parmi les tribus africaines
dont les enfants sont aussi mal logés, nourris et
habillés que dans les populations nécessiteuses de
nos faubourgs ; mais on explique facilement cette
différence en réfléchissant que les arabes ne se
trouvent pas soumis à l'influence des nombreuses
causes extérieures auxquelles on attribue le déve-

loppement du scrofule ; nous voulons parler surtout de la privation de la lumière, de l'entassement, de l'air vicié, de l'abus du travail des enfants
dans les manufactures, etc.

Revenons à l'ophthalmie scrofuleuse. On sait
que cette espèce d'affection oculaire, a été rejetée
du cadre nosologique par les médecins qui nient
d'une manière absolue, les signes caractéristiques
différentiels des ophthalmies spécifiques. Sans
entrer dans des détails sur ce sujet que nous avons
traité avec beaucoup de développement dans une
autre publication, (1) nous dirons que si nous
n'avions pas été partisan de la spécificité de quelques ophthalmies, il nous aurait suffi d'examiner
avec soin l'iritis syphilitique chez les arabes, et la
kératite scrofuleuse chez les juifs de Constantine,
Alger et Oran, etc., pour nous convaincre que les
symptômes de la syphilis et du scrofule, impriment
aux tissus de l'œil, des caractères particuliers qu'on
n'observe pas dans les lésions simples et phlegmoneuses de cet organe.

Que l'on considère la maladie scrofuleuse comme
une exubérance ou comme une altération du système lymphatique, toujours est-il que cette affection présente des caractères particuliers sur la
peau, sur les os, sur le système glandulaire, etc.;

_____

(1) *De la localisation et de la spécificité des ophthalmies*, pour servir
aux indications thérapeutiques que réclament ces affections. — Paris 1844.

pourquoi donc contesterait-on pour l'œil la valeur symptomatique de la forme, de la coloration, de l'altération des tissus et de la sécrétion, ce qu'on admet dans les autres parties affectées de scrofule? Cachez hermétiquement le corps d'un individu affecté d'une ophthalmie scrofuleuse, vous trouverez, en examinant même les parties annexes de l'œil, quelques caractères *sui generis* qu'on n'observe pas dans une ophthalmie simple. La peau des paupières est souvent flasque, boursouflée et sillonnée par des vaisseaux en forme de cordon d'un bleu rougeâtre, la sécrétion oculaire est coagulable, âcre et quelquefois corrosive au point d'excorier les bords ciliaires et même la joue; cette humeur sort par nappes, sous forme de iets. La rougeur de la conjonctive, au lieu d'être uniforme ou générale, se manifeste par de petits paquets de vaisseaux que les auteurs croient appartenir plutôt au système veineux; ces vaisseaux, dans la conjonctivite scrofuleuse, se terminent par une petite pustule ou une phlyctène blanchâtre que M. Jüngken dit ressembler à un ulcère scrofuleux qui affecterait une autre partie du corps. Lorsque la maladie s'étend sur la cornée, celle-ci prend un aspect terne, s'ulcère et se ramollit. Nous considérons la teinte terne grisâtre de la cornée comme un signe caractéristique de la kératite scrofuleuse; en effet, dans les kératites simples et non spécifiques, la cornée conserve souvent sa pellucidité

dans les petites surfaces qui ne sont pas couvertes
de taies et d'ulcérations.

Enfin, dans la kératite scrofuleuse, les staphylômes et les hypercératoses sont plus fréquents.
Dans le cas de ramollissement de la cornée, un
signe diagnostique différentiel, remarqué par
M. Carron du Villards, consiste dans le changement de forme de la partie antérieure de l'œil, qui
devient conique, et qui prend une forme analogue à celle des oiseaux du genre strix. Nous avons
eu plusieurs fois en Afrique, l'occasion de vérifier
l'exactitude de cette assertion.

Quant à l'iritis scrofuleuse, elle est presque
toujours consécutive aux maladies strumeuses de
la conjonctive et de la cornée ; néanmoins, Beer,
Monteath et Lawrence rapportent des cas d'iritis
scrofuleuse primitive. Dans les cas très nombreux
d'ophthalmie scrofuleuse que nous avons observés
en Afrique, surtout parmi les juifs, nous avons
remarqué que l'iritis était toujours consécutive ou
coïncidente avec les maladies des membranes externes de l'œil. Dans cette espèce d'iritis, nous
avons constaté un épanchement sanguin dans la
chambre antérieure ; ce symptôme, indiqué déjà
avant nous par MM. d'Ammon et F. Cunier, serait
un signe diagnostique différentiel de l'iritis que
ces praticiens désignent sous le nom de *scrophulo-
so-psorica*.

Tels sont les principaux signes diagnostiques

différentiels de l'affection scrofuleuse de l'œil ;
ajoutons à cela la marche incertaine de la maladie,
la longue durée, la fréquence des récidives, la
terminaison par des taies très-étendues sur la cornée et les ulcérations rebelles du bord des paupières. Nous ne parlons pas de la photophobie qui,
pour quelques auteurs, joue un grand rôle dans les
conjonctivites et les kératites strumeuses : à notre
avis, l'aversion pour la lumière n'est pas un signe
diagnostique différentiel ; car, ainsi que nous l'a-
vons dit plus haut, elle existe dans les affections
idiopathiques comme dans les spécifiques, dans
les ophthalmies simples comme dans les lésions
les plus profondes et les plus compliquées de l'organe de la vue.

§ IV.

OPHTHALMIE VARIOLEUSE.

La variole, *Djedri*, est très fréquente en Afrique ;
les Arabes et les Kabyles la considèrent comme un
exutoire naturel, destiné à *purger* le sang.

Il y a eu un chirurgien militaire M. Warnier, qui,
ne pouvant pas vaincre les préjugés arabes, ni par
l'expérience, ni par le raisonnement, vaccinait tous
les enfants pour lesquels on réclamait ses soins,
quelle que fût la maladie dont ils étaient atteints,
laissant croire que l'inoculation de la vaccine était

un des remèdes destinés à combattre la maladie
actuelle. Quelques auteurs croient que ce sont les
Arabes qui ont propagé ce fléau dans plusieurs contrées du globe, mais cette opinion n'est pas appuyée
sur des faits bien authentiques. La variole paraît à
Constantine tous les quatre ou cinq ans ; elle a une
grande gravité et cause souvent la mort de ceux
qu'elle atteint.

Les opthalmies varioleuses offrent, dans cette
ville, plus de gravité que les ophthalmies catarrhales, et comme dans l'éruption confluente on
n'emploie pas, dès le début, la méthode ectro-
tique, les cornées sont souvent ramollies ou per-
forées, et il en résulte des leucomas, des hernies de l'iris, des staphylômes et des adhérences
des paupières au globe de l'œil. La propagation
de la vaccine peut seule mettre un terme à ces ravages : espérons que les témoignages de reconnaissance et les prix d'encouragement, décernés
en 1844 à MM. les officiers de santé de l'Algérie,
pour le dévouement dont ils ont donné tant de
preuves, en propageant la vaccine dans ce pays,
finiront par accomplir cet heureux résultat.

Maladies des yeux consécutives des ophthalmies.

En Afrique, lorsqu'une ophthalmie ne compromet pas l'œil immédiatement, elle laisse presque toujours des affections secondaires et souvent
incurables ; nous placerons en première ligne l'entropion, le trichiasis, le symblepharon, l'amblyo-

pie, le strabisme, etc. Comme chacune de ces
maladies affecte de préférence quelques unes des
races qui habitent l'Algérie, nous nous en occuperons en parlant des Juifs et des Européens.

§ V.

CAUSES.

Les causes des différentes ophthalmies, parmi
les indigènes, sont très nombreuses. On doit placer en première ligne la lumière très vive, réfléchie
par des surfaces blanchâtres et brûlantes. Assalini
a fait remarquer qu'à Malte l'armée française de
l'expédition d'Egypte n'a éprouvé de si graves maladies d'yeux que par l'action de la lumière réfléchie des maisons blanchies à la chaux; nous
croyons toutefois qu'on a exagéré l'importance de
cette cause. On doit aussi considérer comme cause
principale de l'ophthalmie d'Afrique la chaleur
excessive et la sécheresse des journées, la fraîcheur des nuits, le passage brusque de l'un de ces
états à l'état opposé; les habitations insalubres,
la présence de la poussière ou d'autres corps étrangers entre les paupières et le globe de l'œil; la malpropreté, les piqûres des insectes, les affections
scrofuleuses syphilitiques et varioleuses, l'agglo-
mération de plusieurs individus sous le même toit,
la mauvaise habitude qu'ont les Arabes de s'essuyer
les yeux avec des linges qui sont presque toujours
sales, la coiffure trop lourde ou trop serrée autour

de la tête; pour les femmes, l'usage de se teindre les
cils et les sourcils avec le *mheudda*. Les habitations
des indigènes sont aussi des causes certaines de
maux d'yeux; quelquefois, en hiver, les malheureux Arabes de quelques douairs nagent dans
la boue. Dans leurs mœurs et dans leurs usages
mêmes, on trouve des causes qui prédisposent
aux ophthalmies; ainsi, par exemple, les habitants des montagnes ne mettent pas de levain
dans la pâte; dès qu'elle est pétrie, ils en font
des gâteaux minces qu'ils cuisent sur la braise
ou dans des espèces de poêles ou de targines, et,
comme on ne se sert pas de charbon, mais de bois
ou de broussailles très souvent vertes et humides,
les femmes ou les esclaves sont forcées de souffler
continuellement le feu avec leur bouche : or,
d'une part, l'action répétée de baisser la tête,
d'autre part, la fumée et les cendres congestion-
nent le cerveau et fatiguent les yeux. Dans plusieurs villes de l'Afrique les nègres sont chargés
du blanchissage des maisons, et la chaux qui retombe, entre souvent dans les yeux et leur donne
des ophthalmies. Quant au fait des serpents qui
lancent leur venin dans les yeux de leurs ennemis
et causent des ophthalmies, il ne peut être mis
en doute; plus d'un voyageur en Afrique en a été
lui-même ou témoin oculaire ou victime. C'est ce
qui est arrivé à un officier de marine, pendant
la campagne du *Luxor*. Voici son récit; il s'agit

de la vipère *haie*, l'antique serpent des symboles
égyptiens. « Le reptile était saisi par le milieu du
corps : j'étais à peu près à deux pieds de lui, et je
le considérais attentivement , lui, de son côté, me
regardait fixement. Tout à coup sa gueule s'ouvre,
et je sens une pluie fine m'entrer dans les yeux ;
une horrible cuisson s'y manifeste aussitôt : c'était
évidemment son venin qu'il venait de me lancer.
Il y avait de quoi devenir fou , tant la douleur était
intense. »   'x

Une des causes fréquentes d'ophthalmie, pendant
l'automne , c'est la récolte des figues de Barbarie,
fruit provenant du *cactus opuntia* , vulgairement
cactier à raquettes. On sait que ces figues , très
douces (1) et rafraîchissantes , sont revêtues d'une

---

(1) En 1836 , nous entreprîmes une série d'expériences sur le *cactus
opuntia ;* par un procédé très simple et très économique , nous parvînmes à
extraire du sucre qui bien que peu cristallisable pourrait néanmoins, dans les
contrées méridionales , remplacer le sucre de canne pour une partie des
usages domestiques. M. le docteur Gervais de Caen, publia à cette époque
dans le journal le *Bon Sens*, n° 27, septembre 1836, un long article sur nos
travaux et un fragment de cet article a été reproduit par le *Siècle*, la
Presse et le *Courrier français.* En 1842, le hazard confirma le résultat de
nos recherches, car dans une lettre adressée au journal le *Toulonnais*, par
M. Germain, chimiste-botaniste , à Alger, on remarque le passage suivant :

« Nous sommes dans la saison des figues de Barbarie, les soldats en man-
gent beaucoup. Le général Lamoricière avait remarqué que les militaires
laissaient dans les rues et dans les recoins des maisons, les pelures épaisses
de ces figues qui, se corrompant, exhalent une odeur fétide. Il ordonna de
es rassembler et de les déposer hors de la ville , dans un endroit découvert
où le soleil pût les dessécher promptement et en neutraliser ainsi les miasmes.

« L'ordre fut exécuté , et bientôt des tas considérables se formèrent.

enveloppe hérissée d'aiguillons et d'épines, dont
les plus petites sont comme des points soyeux et
imperceptibles ; le vent ou le plus léger mouvement imprimé au cactus suffit pour en disperser
une certaine quantité sur la figure et dans les
yeux : les conjonctivites que ces épines provoquent
durent plusieurs jours. Les malades éprouvent une
sensation douloureuse, pareille à celle produite
par une paille métallique enchassée dans la cornée

A quelques jours de là, le général faisant une ronde, remarqua que ces tas
étaient recouverts d'une couche blanche ; ce fait lui parut extraordinaire :
il s'approcha et reconnut bientôt une efflorescence semblable à celles qu'on
remarque sur les terrains à salpêtre ; il en fit recueillir une bonne quantité,
l'examina attentivement, et aperçut distinctement une cristallisation blanche
et brillante ; la dégustation lui fit reconnaître une matière très sucrée. Bientôt l'analyse vint le convaincre que c'était du sucre pur et cristallisé d'une
manière admirable.

« Au prix où sont les figues de cactus, on s'est assuré que la livre de très
beau sucre tout cristallisé, ne reviendrait pas à plus de 20 centimes, et
qu'on n'aurait d'autres frais que de diviser le fruit et de l'étaler au soleil,
puis de recueillir les efflorescences au moyen de brosses douces. Ce sera à
l'industrie à perfectionner les procédés pour obtenir ce sucre ; mais l'honneur de la découverte en restera au général Lamoricière : à la palme des
braves la couronne des découvertes utiles. »

Le journal l'*Algérie*, habituellement très bien informé de tout ce qui a
rapport à la colonie, conteste l'authenticité des faits publiés par le *Toulonnais*; quoiqu'il en soit, nous tenons à établir 1° que la première idée
de ces recherches nous appartient, car leur résultat a été publié dès l'année 1836 ; 2° que la figue de barbarie, contient en très grande abondance,
du sucre cristallisable à la manière du sucre dit *de raisin*. 3° Le cactus
n'exigeant pas de culture, pouvant se propager avec une facilité prodigieuse, l'extraction de son principe sucré pouvant s'obtenir à très peu de
frais, il est incontestable qu'il pourrait devenir, dans les contrées méridionales surtout, un excellent succédané au sucre de canne et de betterave.

ou cachée dans les plis de la conjonctive; quelquefois les paupières deviennent aussi tuméfiées qu'à la suite de piqûres d'insectes.

§ VI.

TRAITEMENT ET MOYENS HYGIÉNIQUES.

Dans un chapitre de cet ouvrage consacré à la médecine et aux médecins chez les indigènes, nous exposerons avec détail la médication employée par les Arabes contre les ophthalmies ; quant aux indications thérapeutiques rationnelles et méthodiques en rapport avec les progrès de notre époque, nous en parlerons en faisant l'historique des ophthalmies, qui ont régné épidémiquement à Alger, Philippeville et Constantine , le traitement que nous indiquerons à ce sujet pouvant s'appliquer aux indigènes comme aux Européens.

Pour la plupart des arabes nomades les moyens hygiéniques qu'on pourrait indiquer pour prévenir les ophthalmies ou en diminuer le nombre sont presque inutiles ; leur manière de vivre, leurs habitations, l'insouciance, le fatalisme et les préjugés religieux, s'opposeront encore pendant quelques temps à toute idée progressive qui pourrait avoir une influence salutaire sur l'état physique et moral de ces peuples.

Leur insouciance naturelle les empêche également d'aller chercher des soins dans les villes. On sait qu'ils fuient les hôpitaux; malades, ils sont

encore plus susceptibles qu'à l'état sain. Dans une
petite excursion que je fis dans le mois de mai 1842,
aux environs de Stora, accompagné de M. Lodibert, médecin en chef de l'hôpital de Philippeville,
nous rencontrâmes huit Kabyles, dont cinq affectés de maladies des yeux; de ces cinq, deux avaient
la vue gravement compromise et sans ressource,
les autres pouvaient facilement se guérir à l'aide
d'opérations ou de médications convenablement
indiquées. En notre qualité de *thebibes*, ils ont paru
accueillir avec reconnaissance nos conseils, car on
sait que les médecins comme les prêtres, sont en
grande considération parmi les arabes, nous les
avons même engagés à venir nous trouver à Philippeville, en leur promettant de les soigner à l'hôpital jusqu'à leur complète guérison, et malgré
leur assurance formelle de revenir le lendemain,
nous ne les avons pas revus.

Pour les habitants des tribus et des douairs,
leur contact avec nous étant plus facile et plus
fréquent, on peut compter dès à présent que des
améliorations notables d'hygiène publique et pri-
vée, peuvent être introduites dans les vastes contrées qui sont sous notre domination.

M. le maréchal ministre de la guerre, sur la
proposition d'un homme intelligent et éclairé,
M. Vochelle, qui est à la tête de l'administration générale de l'Algérie, a décidé qu'il y avait
utilité réelle à répandre parmi les indigènes, les

observations et les conseils hygiéniques et thérapeutiques contenus dans notre ouvrage ; et par une lettre ministérielle du 6 novembre 1843, nous avons été chargé d'en faire un résumé clair et précis à la portée des intelligences les plus vulgaires ; ce mémoire traduit en arabe, est destiné recevoir en Afrique, la plus grande publicité.

Dans cette notice (1) la plupart des maladies oculaires qui régnent en Afrique, ainsi que les causes qui les produisent, ont été décrites avec soin. Nous avons indiqué les principales préparations médicinales qu'on peut se procurer facilement et les procédés opératoires qui sont en rapport avec les connaissances médicales des Thebibes indigènes. Pour nous faire mieux comprendre, nous avons rédigé ce petit travail sous forme de propositions ou de versets, comme les Sourates du Coran ; il a fallu en même temps employer le langage mystique qui est propre aux musulmans, pour ne pas les froisser et dans leurs croyances et même dans leurs préjugés.

Voici quelques passages qui concernent particulièrement la partie hygiénique et thérapeutique.

« *Dieu guérit, le médecin est l'artisan de la guérison.....*, (2) etc., etc. »

(1) *Guide d'Hygiène oculaire, ou notions générales sur les moyens les plus efficaces pour conserver la vue et pour guérir les ophthalmies. — A l'usage des indigènes de l'Afrique française.*

(2) Proverbe arabe.

6

» Ton seigneur a dit à l'abeille ; cherche-toi des maisons dans les montagnes, dans les arbres et les constructions des hommes. Nourris-toi de tous les fruits ; voltige dans les chemins frayés par ton seigneur. De tes entrailles *sortira une liqueur variée* (1) pour servir de remède à l'homme. Coran ; Sourate, XVI.

Les remèdes que vous employez contre les ophthalmies sont ou inefficaces ou dangereux. Dans ces moyens toutefois, nous ne comprenons pas la prière ; celle que vous adressez à Dieu pour vous guérir, est sans doute efficace et louable, car le Coran sage l'a dit : « acquittez-vous de la prière et montrez-vous obéissants à Dieu. » Sourate, II.

Mais ce serait mal entendre la prière, que de croire comme plusieurs d'entre vous, qu'elle excue tout autre moyen. Cela n'est écrit nulle part ; au contraire, l'Etre clément et miséricordieux, qui a mis à la disposition de l'homme des remèdes efficaces pour le guérir ou pour le soulager dans ses souffrances, nous prescrit expressément de les chercher, de les préparer et d'en faire usage.

Vos ancêtres s'en servaient avec succès. Ils étaient alors guidés par les sages conseils de ces savants arabes, si avancés dans toutes les connaissances humaines pendant plusieurs siècles ; alors la gloire

(1) Forme allégorique par laquelle le Prophète enseigne à l'homme à interroger les secrets de la nature, pour y puiser des remèdes à tous les maux.

de la civilisation brillait pour vous seuls ; des savants célèbres fondèrent et illustrèrent une école médicale, d'où sortirent des hommes éminents dont les travaux remarquables, ont bien mérité de la science et de l'humanité. Puisse la lumière de la science, visiter de nouveau cette terre, d'où elle sortit jadis pour se répandre dans d'autres lieux ! puisse cet écrit conçu dans votre seul intérêt, contribuer à dissiper les ténèbres où vous êtes plongés et à détruire les préjugés qui vous ont été jusqu'à présent si funestes !.

.... Comme toutes les inflammations qui affectent le corps de l'homme, l'ophthalmie n'a point un cours uniforme, elle présente dans sa marche et dans sa durée, des périodes distinctes qu'il faut examiner avec attention. Le traitement des ophthalmies, doit donc varier d'après la période et l'intensité de la maladie.

Les médicaments irritants, tels que le poivre, le safran, le sulfate de cuivre calciné et les clous de gérofle, dont vous vous servez habituellement dans les ophthalmies aiguës, ne font qu'empirer le mal et retarder la guérison.

Les amulettes, les carrés magiques, les écrits des talebs et des marabouts, sont utiles, en ce sens, qu'ils paralysent l'influence du *mauvais génie*, cause insaisissable et occulte du mal ; (1) mais s'ils don-

(1) On s'étonnera sans doute de trouver une pareille idée, dans un écrit officiel, publié dans notre siècle et rédigé par un médecin européen ; mais

nent des chances favorables à la guérison , ils
n'en exigent pas moins l'emploi des moyens reconnus propres à prévenir ou à guérir la maladie.

Pour guérir les ophthalmies , il faut toujours
appliquer directement des remèdes sur les yeux ;
mais lorsque ces ophthalmies sont le résultat d'une
maladie générale, ou sympathiques d'une affection telle que le *khranzir* (scrofule), le *mord-el
québir* (syphilis), le *djedri* (variole), on doit en
même temps, prendre des médicaments pour ces
maladies , parce qu'il est impossible de guérir
l'ophthalmie, avant d'avoir détruit ou modifié la
cause qui l'a déterminée.

Il ne faut jamais employer dans l'ophthalmie
catarrho-purulente, ni de lotions émollientes de
mauve, ni de cataplasmes qui ramolliraient les
parties malades , et hâteraient la suppuration ; il
en est de même de l'ophthalmie dite Egyptienne,
qui est heureusement très rare dans l'Afrique septentrionale.

La bonne médecine ne consiste pas seulement
à guérir les ophthalmies : elle possède également

il faut nécessairement faire une concession aux préjugés Arabes , pour ne
pas ameuter contre notre notice, les Talebs et les Marabouts, seuls individus
qui pourraient la lire et la propager, puisque eux seuls savent lire ; il faut
en outre prendre en considération, que les talebs et quelques marabouts,
n'ont d'autre état pour vivre, que celui de composer et distribuer des amulettes, des prières écrites et des papiers magiques et mystérieux.

des moyens pour les prévenir; voici les principaux.

Le local destiné aux habitations doit être sec et
aéré ; il doit offrir en même temps une issue à la
fumée. Les nomades dresseront leurs tentes loin
des marais, sur le penchant des collines. Dans les
maisons, les chambres qui sont près des latrines
ne seront pas habitées, car il n'y a rien qui prédispose plus particulièrement aux ophthalmies
que les exhalations méphytiques des urines et des
matières fécales en putréfaction.

Les pères éviteront à leurs enfants des ophthalmies graves, qui souvent entrainent la perte de la
vue, en les soumettant à l'opération qui garantit de
la petite vérole. Si cette maladie se manifeste, il
faut laver les yeux matin et soir, piquer les bou-
tons aussitôt qu'ils suppurent et les cautériser pour
hâter leur cicatrisation.

Il est indispensable de laver souvent les yeux
des enfants qui sont ordinairement sales et chassieux ; cette matière âcre entretient une irritation
qui dégénère plus tard en ophthalmie chronique.(1)

_____

(1) Le conseil que nous donnons ici aux indigènes d'appliquer de l'eau
froide sur les yeux, ne sera pas probablement suivi par les Thebibes, car ils
ont pour principe dans leur médecine, de s'abstenir de laver les parties
malades, surtout dans les cas d'ophthalmies et de blessures d'armes à feu.
Même en bonne santé leur aversion pour laver les yeux, est telle, que dans
les douairs et dans les tribus, on voit généralement les enfants avec les yeux
sales, ce qui entretient la *chassie*, et contribue à donner des ophthalmies.
Dans le dépôt des prisonniers arabes de l'île Ste-Margueritte, cette négli-

Lorsque les épines soyeuses des cactus entrent dans l'œil, si l'on veut porter de prompts secours, il suffit de souffler fortement dans cet organe ; le plus souvent l'épine est entrainée avec les larmes; mais si le corps étranger est enchassé sur la cornée ou dans la conjonctive, il faut chercher à le dégager avec une curette; dans le premier comme dans le second cas, il est nécessaire de soumettre l'organe à l'usage d'un collyre émollient.

Toutes les fois qu'on voyage à travers des contrées sablonneuses, on doit se prémunir contre l'action malfaisante du vent du désert et l'influence d'une lumière trop vive. Pour cela, il faut, comme les Touariks, porter en avant du turban ou de la corde de chameau, une visière baissée recouverte d'un morceau de taffetas vert.

Il faut souffler le feu non avec la bouche, mais avec un canon de roseau ; car, dans le premier cas, le sang se porte à la tête, les yeux se remplissent de fumée et de cendres, ce qui occasionne les ophthalmies.

Les femmes, surtout celles qui ont des prédispositions à avoir les yeux malades, doivent s'abstenir de teindre leurs cils, cet usage irrite les paupières et fait dévier ou tomber les cils.

Il ne faut jamais couvrir et tamponner l'œil ma-

gence d'un des premiers préceptes d'hygiène, a été poussée si loin, que le chirurgien du dépôt, a été forcé de faire refuser la ration aux parents dont les enfants auraient les yeux sales et chassieux.

lade avec des compresses et des mouchoirs de laine, comme le font les arabes de quelques tribus, car l'œil s'irrite, les larmes ne pouvant pas s'écouler facilement, séjournent dans l'organe, deviennent âcres et l'ophthalmie fait beaucoup de progrès; il vaut mieux appliquer sur l'œil, un morceau de toile trempée de temps en temps dans l'eau fraîche et fixée légèrement avec une petite bande.

Les bons Musulmans ne doivent pas oublier que l'accouplement impur, est la source de la *grande maladie* qui, elle-même, est la mère d'un très grand nombre d'affections et d'ophthalmies graves, qui occasionnent la cécité..... »

Pour les indigènes des villes, le projet conçu dernièrement par M. le comte Guyot, directeur de l'intérieur, peut avoir de très utiles résultats. Ce projet consiste à créer un hospice ou asile pour les vieillards aveugles et infirmes de la population musulmane. Assurer un refuge à des pauvres, à des aveugles, à des vieillards sans ressources, qui ont droit à notre protection et à nos secours, faire cesser leur état actuel d'inutilité et d'abjection, les utiliser s'il est possible, par un travail proportionné à leurs forces, fermer enfin une plaie douloureuse et visible à tous les yeux; créer entre les indigènes et nous, un nouveau point de contact et nous rattacher à eux par le meilleur de tous les liens, par la bienfaisance d'un côté et par la gra-

titude de l'autre, tel a été le but que s'est proposé
M. le comte Guyot, qui à des connaissances admi-
nistratives très étendues, unit de nobles idées d'humanité et de philanthropie.

Voici quelques passages du rapport qu'il a présenté à M. le maréchal gouverneur.

« .... La mendicité et le vagabondage, sont
réprimés sévèrement par les lois de la métropole,
et si la nécessité d'appliquer la pénalité qu'elles
consacrent se fait sentir en Europe, cette nécessité
prend un caractère bien plus impérieux encore
dans une société naissante et aux débuts d'un établissement comme celui que nous tentons de fonder en Afrique. Alger, sous ce rapport, est maintenant en mesure de satisfaire aux besoins de la
situation en ce qui concerne la population européenne; des lieux de dépôts sont ouverts aux ouvriers, en attendant qu'on puisse leur assurer du
travail; un hospice convenablement installé reçoit
les malades; la mendicité et le vagabondage seraient donc sans excuse, pour les individus venus
d'Europe, et doivent devenir l'objet d'une répression sérieuse à mesure qu'ils tenteraient de se produire.

» Mais si la population européenne rencontre ici
des moyens d'existence, des lieux d'asile, et en cas de
maladies, des ressources hospitalières, il n'en est
pas de même pour les habitants indigènes. Ceux-
ci se divisent en deux fractions', la partie *musul-*

mane et la partie *juive*. — Il n'y a point lieu de se préoccuper pour le moment de cette dernière ; vivant à l'état de communauté, ayant une organisation intérieure et pourvoyant à ses besoins avec des produits dont provisoirement au moins, on lui a laissé la gestion, la question en ce qui la touche a moins d'urgence. Il n'en est pas ainsi de la fraction musulmane ; celle-ci pourrait sans doute trouver asile dans nos hospices, mais outre qu'on ne lui constituerait là qu'un lieu de stationnement, et qu'on ne pourvoirait qu'à un cas spécial de maladie, on sait quelle est la répugnance qu'éprouvent les indigènes à se mêler à des agglomérations d'européens dont les habitudes, la nourriture et le genre de vie, diffèrent si profondément des leurs. Enfin, ce n'est pas seulement des secours sanitaires et transitoires, qu'il s'agirait de leur donner ; il faudrait assurer aux vieillards indigènes, aux aveugles, aux infirmes incapables de travail, et que la misère accule à la mendicité comme à une nécessité fatale, des lieux d'asile et de refuge. L'humanité prescrit de promptes mesures à cet égard, l'équité même les exige, puisque en nous appropriant les revenus de la Mecque et Médine, nous avons implicitement contracté l'obligation de pourvoir au soulagement des malheureux, dont l'existence reposait sur ces produits. On comprend d'ailleurs l'utilité, l'indispensabilité même de faire disparaître de nos places toutes ces misères indi-

gènes qui affligent les regards, et qu'il est à la fois
de notre devoir et d'une bonne politique de se-
courir. »

» Je n'insiste donc point sur l'importance d'une
maison de refuge et je passe aux moyens de l'établir. Cet établissement serait fondé aux environs
d'Alger, pour le placer dans les meilleures conditions de salubrité possible. Par exemple le local dit
Petit Tagarin... La dépense serait imputable sur
les revenus de la Mecque et Médine ; c'est là une
destination toute logique et qui répond entièrement aux vues bienfaisantes et pieuses des dona-
teurs. Il y a maintenant près de *trois mille* pauvres
soldés sur lesdits fonds......... »

Un établissement pareil flatterait beaucoup les
indigènes riches, et rendrait de grands services
aux indigents. Un praticien qui a l'exercice général de la médecine et de la chirurgie, joindrait
des connaissances spéciales sur l'étude et le traitement des maladies des yeux, serait attaché à cet
établissement. Les devoirs de ce médecin consiste-
raient, à part le service ordinaire de l'intérieur
de l'hospice, 1° à étudier la constitution physique
des indigènes ; 2° Leur donner des conseils hygiéniques pour les préserver d'une foule de maladies ;
3° les détourner des pratiques superstitieuses et
empiriques, qui forment la base de leur médecine ; 4° examiner les causes des maladies qui les
affligent ; 5° s'occuper de la propagation de la vac-

cine ; 6° consacrer deux heures par jour à une con-
sultation gratuite , destinée exclusivement aux
musulmans des villes et des tribus ; créer en un
mot des dispensaires ou bureaux de bienfaisance,
organisés comme ceux qui rendent à Paris, de si
grands services aux classes indigentes. Un médecin
qui se destinerait ainsi à une étude nouvelle , à
une pratique de dévouement et de philanthropie,
mériterait bien de la science, comme de l'estime
et de la reconnaissance des indigènes. (1)

(1) Le vœu exprimé dans le projet que nous avons soumis au gouvernement, va bientôt être accompli ; et si toutes les idées émises dans notre
travail n'ont pu recevoir une application immédiate, nous ne doutons nullement de leur complète réalisation lorsque dans un avenir peu éloigné ,
la fin de la guerre, et l'achèvement des travaux de colonisation, donneront
à l'administration , le temps et les moyens nécessaires pour organiser en
Algérie, des institutions de bienfaisance pareilles à celles de la métropole.
Voici en attendant la décision prise à cet égard: elle se trouve formulée
dans une lettre que M. le maréchal ministre de la guerre, nous a fait l'honneur de nous adresser.

« Souk-Berg, près Saint-Amans (Tarn), le 30 septembre 1843.

« Monsieur,

« J'ai communiqué à M. le directeur de l'intérieur de l'Algérie , et au
conseil de santé des armées, le mémoire que vous avez bien voulu m'adresser *sur les causes la nature et le traitement des ophthalmies dans nos établissements d'Afrique*. Ce travail, digne d'intérêt à tous égards, a été l'objet
des témoignages les plus honorables, et je vous en exprime personnellement
toute ma satisfaction.
« J'apprécie la pensée qui vous a inspiré le vœu de voir fonder à Alger,
un hospice spécial pour le traitement des indigènes atteints d'ophthalmie ,

§ VII.

HYDROPHTHALMIE.

**L'hydrophthalmie est très fréquente en Afrique ;
elle affecte de préférence la classe juive et mau-**

mais je suis obligé d'en différer la réalisation, l'insuffisance des crédits dont
je dispose ne me permettant pas de les grever de cette charge imprévue, et
les fonds de la corporation de la Mecque et Médine, qui sont la propriété de
tous les malheureux indistinctement et non celle d'une classe de malades ,
ne pouvant être détournés de leur pieuse destination , pour un objet tout
spécial. Dans cet état de choses , il sera seulement possible , et je pense
qu'il suffira au reste pour le moment, d'établir dans un hospice indigène
dont la création est projetée sur les fonds de cette corporation , un service
de consultations gratuites pour les musulmans atteints d'ophthalmie. C'est
un point sur lequel se fixera mon attention particulière, lorsque le moment
sera venu de statuer sur cette création.

« En attendant je charge le conseil de santé de puiser dans votre travail
le sujet d'une instruction qui sera adressée aux officiers de santé militaires
et civils de l'Algérie , et traduite , ou au moins analysée en langue arabe ,
afin de porter à la connaissance des indigènes, les principales indications
hygiéniques et curatives contenus dans votre ouvrage. Ce travail pourra
fournir également au conseil de santé de fort utiles indications pour
le traitement des militaires affectés de maladies d'yeux, soit en France, soit
en Afrique. En un mot , je ne doute pas que la publicité donnée aux résultats de vos recherches consciencieuses et de votre expérience toute spéciale,
ne produise les meilleurs effets et ne soit notamment accueillie avec reconnaissance, par la population indigène de l'Algérie.

« Afin de reconnaître, autant qu'il dépend de moi, les soins éclairés et
bienveillants que vous avez donnés aux intérêts de l'armée , pendant le
cours de la mission scientifique dont M. le ministre de l'instruction publique, vous avait chargé l'an dernier en Afrique ; j'écris à mon collègue pour
lui exprimer la satisfaction que j'en ai éprouvée, etc., etc.

« Recevez, monsieur, l'assurance de ma considération.

« Le président du conseil , ministre secrétaire d'État de la guerre ,

« Signé, maréchal duc DE DALMATIE. »

resque : rarement elle sévit contre les Arabes,
presque jamais contre les Européens. L'hydroph
thalmie n'est jamais instantanée; elle est ordinairement lente dans sa marche, et presque toujours
le résultat d'une dégénérescence quelconque des
parties constituantes du globe de l'œil. Nous avons
observé plusieurs cas d'hydrophthalmie de l'humeur aqueuse et de l'humeur vitrée parmi les juifs
d'Oran, d'Alger, de Bone et de Constantine; dans
la plupart des cas ces hydrophthalmies étaient accompagnées d'affections scrofuleuses chroniques,
ou suivies d'exanthèmes répercutés brusquement.
C'est dans ces cas seulement et lorsque la maladie
est très ancienne que la dégénérescence des membranes peut avoir lieu; alors presque tous les tissus de l'œil sont ramollis, la membrane de l'humeur aqueuse et la cornée devenues opaques et
obscurcies; le cristallin cataracté, et les parties
postérieures de l'œil plus ou moins dégénérées,
quelquefois même carcinomateuses.

Quant à la question de l'hérédité chez les personnes affectées d'hydrophthalmie en Afrique, je
m'en réfère à ce qui a été dit par M. Grellois dans
son excellente thèse inaugurale sur l'hydrophthalmie. Des observations faites par ce praticien il résulte : 1° que chez les hydrophthalmiques étudiés à
Alger, il est rare que le père et les enfants ne soient
pas atteints du même mal, tandis que l'affection
ne frappe jamais l'Européen, le soldat, quelles que

soient les circonstances défavorables où le jettent
les chances de la guerre. De là ne pourrait-on pas
conclure à la transmissibilité héréditaire de l'hydrophthalmie, puisque, d'une part, elle attaque
ordinairement plusieurs générations d'une même
famille indigène et que, d'une autre part, elle épar-
gne les étrangers quelles que soient les circonstances dans lesquelles ils se trouvent placés? Cepen-
d ant, pour que cette conclusion fût rigoureuse, il
faudrait qu'on eût observé cette maladie sur un
sujet né de parents hydrophthalmiques, mais sous-
trait à l'empire des causes habituelles ; et cette
expérience n'a pas pu encore être faite.

Parmi les causes de l'hydrophthalmie en Afrique, M. Grellois cite la blancheur éclatante des
maisons et des terrasses qui, reflétant les rayons
d'un soleil ardent, exercent une action spéciale sur
l'organe visuel, d'où résulte fréquemment l'hy-
drophtalmie soit *primitive*, soit *consécutive* à une
ophthalmie. « Cette dernière influence (celle de la
blancheur des maisons), dit M. Grellois, me paraît
tellement puissante que, dans un court séjour
que j'ai fait à Bone, où les maisons sont blanchies
comme à Alger, j'ai rencontré cette affection un
aussi grand nombre de fois proportionnellement,
tandis qu'à Bougie où cette circonstance n'existe
pas, je ne l'ai point vue pendant un séjour de huit
mois. Nest-ce pas un douloureux spectacle que de
voir dans les étroites rues d'Alger des files de six

à huit aveugles se suivant les uns les autres, et se
servant réciproquement de conducteurs ? Chez
presque tous la cécité est due à l'hydrophthalmie.
Formons des vœux pour qu'une sage administration ramène bientôt ces infortunés à une condition
plus heureuse. »

Tout en admettant avec M. Grellois que la blancheur éclatante des maisons contribue en partie à
la production des ophthalmies, nous croyons cependant qu'il lui accorde une importance exagérée; car dans les tribus, et même dans les plus
petits Douairs, l'ophthalmie est tout aussi fréquente
que dans les villes blanchies de Constantine, d'Alger et de Bone ; et cependant dans les Douairs, non-
seulement il n'y a pas de maisons blanchies, mais
il n'y a pas même de maisons ; il n'y a que des
tentes, et elles sont d'un gris noirâtre. Mais en
supposant que la blancheur soit une des principales
causes des ophthalmies, on ne peut pas du moins
admettre qu'elle produise des hydrophthalmies
primitives ; car l'expérience journalière prouve que
l'action continue des couleurs trop vives, en produisant quelques conjonctivites primitives affecte,
plutôt le nerf optique et la rétine que l'humeur
aqueuse et vitrée de l'œil.

Nous croyons plutôt que l'hydrophthalmie est
souvent, en Algérie, symptomatique, d'une affection générale et surtout d'un vice scrofuleux;
comme en Europe, elle reconnaît aussi pour cause

principale l'influence des vicissitudes atmosphériques , la mauvaise alimentation , et les habitations
humides et marécageuses.

Le traitement de l'hydrophthalmie doit consister
dans les moyens antiphlogistiques les plus énergiques au début de la maladie ; et lorsqu'elle est consécutive à une affection générale , il faut la combattre par la manière la plus appropriée à la nature du mal. Dans les cas où l'hydrophthalmie est
très opiniâtre et où l'œil a acquis un volume tellement considérable qu'il ne peut plus être abrité
par les paupières , lorsqu'enfin l'air et les corps
étrangers irritent et ulcèrent l'organe jusqu'à produire des douleurs très vives qui se transmettent
à l'encéphale , il faut recourir à la paracenthèse de
l'œil, ayant soin de vider l'humeur aqueuse à l'aide
d'une incision faite avec un couteau à cataracte et
non avec la ponction, comme le conseillent quelques auteurs. Si ce moyen palliatif ne réussit pas
et que l'œil se remplisse d'humeur une seconde
fois et fasse saillie hors de l'orbite, l'excision complète de la cornée pour vider l'organe devient indispensable. Enfin si , malgré cette dernière opération, l'œil présente des excroissances fongueuses
et carcinomateuses (1) qui, en transmettant l'in-

(1) Dans quelques cas d'hydrophthalmie , la dégénérescence de l'œil
après l'excision de la cornée est tellement précoce , qu'en peu de jours l'œil
devient aussi volumineux qu'avant l'opération ; nous avons observé trois cas
de cette nature dans notre dispensaire, et tout récemment nous avons vu à

flammation au cerveau et à ses enveloppes, fini-
raient par amener peu à peu la mort du malade,
il faut se hâter d'extirper le globe de l'œil par le
procédé de la ténotomie oculaire. On sait, que
cette opération est toute nouvelle, elle a été proposée
par M. Bonnet de Lyon et pratiquée pour la première fois sur le vivant par M. Stœber à Strasbourg,
consécutivement par M. Florent Cunier en Belgique (1) et par M. A. Bérard et par moi à Paris (2).
Il faut avoir fait ou vu faire cette opération par les
anciens procédés pour apprécier à leur juste valeur
les avantages de la ténotomie appliquée à l'extirpation du globe de l'œil. Nous ne pouvons mieux
comparer ce procédé qu'à une simple opération de
strabisme, d'autant plus qu'au lieu de couper le
nerf optique après avoir fait la section des muscles
d'un seul angle de l'œil, ainsi que l'ont pratiqué
MM. Stœber, Bérard et Cunier, nous avons coupé
d'abord circulairement ses six muscles, débridé et
excisé la conjonctive comme dans l'opération du
strabisme, et nous avons terminé l'opération par
la section du nerf optique. Cette manière de pro-

l'hôpital de la Pitié, dans le service de M. Bérard, une jeune fille hydroph-
thalmique dont on avait vidé complétement l'œil, se présenter à la Clinique
six jours après l'excision de la cornée, ayant à la place de l'œil une ex-
croissance noirâtre de mauvaise nature, ce qui a nécessité immédiatement
l'extirpation du globe.

(1) Annales d'Oculistique, mars 1842.

(2) Gazette des Hôpitaux, 16 juillet et 31 octobre 1844.

7

céder nous a paru plus simple et plus commode pour l'opérateur et moins douloureuse pour le malade. On doit également enlever les parties les plus superficielles des masses tendineuses et graisseuses qui restent dans l'orbite ; en agissant ainsi la suppuration et les bourgeonnements sont moins abondants et l'on fait disparaître les craintes qu'ont manifestées quelques praticiens de voir une suppuration très intense se prolonger dans le voisinage du cerveau.

Un petit ciseau à strabisme, courbe sur le plat, une pince et un crochet mousse suffisent pour faire l'opération. Les troncs des nerfs qui se rendent aux muscles et les ramifications de l'artère ophthalmique sont toujours ménagés. Quant à la glande lacrymale, il faut la conserver toutes les fois qu'elle est saine, l'opération est ainsi plus simple.

Nous nous dispenserons de faire ici un parallèle détaillé entre les avantages du nouveau procédé et les inconvénients de l'ancien, il suffit de dire quelques mots sur les accidents graves qui accompagnent ou suivent l'extirpation de l'œil par l'ancien procédé ; sans compter les hémorrhagies, les perforations des parois de l'orbite pendant l'opération, et les accidents causés par les tamponnements et par la compression, il est certain que dans un grand nombre de cas la vie des malades est compromise Depuis Bartish qui le premier pratiqua l'extirpation du globe de l'œil jusqu'à nos jours, beaucoup de malades ont succombé après l'opération par l'ancien procédé.

La plus grande objection qu'on ait faite contre ce procédé, c'est qu'il ne pouvait pas être employé dans tous les cas et surtout dans les affections cancéreuses, mais on n'a pas réflechi que M. Stœber à eu affaire à une mélanose, M. Cunier à un fongus médullaire de la rétine, et que M. Bérard a pratiqué sa deuxième opération sur une petite fille affectée de cancer encéphaloïde; ainsi donc parmi les cinq observations que la science possède, trois fois il s'agissait précisément de cancer de l'œil, et l'opération n'en a pas moins été couronnée d'heureux résultats. Sans doute lorsque le cancer a envahi tous les tissus de l'œil et même de l'orbite, la ténotomie n'est d'aucun secours, et alors il est de toute nécessité de recourir au procédé de Louis, modifié par M. Lisfranc, ou à celui de Dupuytren; mais comme ordinairement on a plutôt à faire à des affections cancéreuses au premier et au second degré qu'à des dégénérescences de la totalité du globe et de ses annexes, il reste vrai que dans la majorité des cas le nouveau procédé trouvera une heureuse et facile application.

§ VIII.

EXOPHTHALMIE

L'hydrophthalmie, ainsi que nous venons de le dire, est toujours lente dans sa marche, et l'œil ne peut sortir de l'orbite qu'à la longue et après un commencement de dégénérescence de tissu. Dans l'exophthalmie au contraire, l'organe visuel peut grossir jusqu'au double de son volume ordinaire en très peu de temps, et même dans l'espace de 24 heures ; je crois qu'en Europe cette rapidité effrayante du mal est excessivement rare, tandis qu'en Afrique elle est au contraire très fréquente.

Nous allons rapporter ici un cas que nous avons observé avec le médecin en chef de l'hôpital de Constantine, M. le docteur Vital, sur une mauresque de cette ville. Cette observation est remarquable par la rapidité avec laquelle la maladie a marché, et par sa disparition sans laisser aucune trace de lésion organique dans l'œil ni aucun dérangement dans les fonctions visuelles.

Zora Ben-Zobdallah, fille publique, âgée de 13 ans, d'un tempérament lymphatique, ayant le matin lavé son linge à l'époque de l'apparition des règles, se couche pour faire la *sieste ;* lorsqu'elle se réveille, vers les trois heures de l'après-midi, l'œil devient le siége de douleurs très vives et d'un sentiment de tension très prononcé ; les paupières engourdies ne permettent pas l'ouverture du globe oculaire ; 24 heures après la période d'invasion, l'œil a deux fois son volume ordinaire, il présente au toucher une dureté considérable ; la vue est complétement abolie ; au cinquième jour, la conjonctive très injectée, offre des vascularisations

très prononcées vers la circonférence de la cornée;
cette dernière membrane, malgré son agrandisse-
ment proportionnel, reste transparente et lucide.
L'iris conserve sa coloration naturelle, mais il est
poussé en avant au point d'oblitérer presque complétement la chambre antérieure; les parties postérieures et internes de l'œil, poussées en avant,
n'offrent rien qui ne soit à l'état normal. Vers le
septième jour, l'apparition des règles fait disparaître la douleur; le globe diminue de volume à
mesure que le sang menstruel devient plus abondant, et au bout de dix jours la malade est complétement guérie.

Un officier distingué du service de santé, demeurant à Alger, a éprouvé lui-même, à la suite
d'une violente congestion vers la région orbitaire,
les attaques de cette terrible maladie.

L'exophthalmie se guérit promptement; mais il
faut se hâter d'employer un traitement énergique
dès le début; les saignées abondantes et répétées,
les dérivatifs de toute espèce sont indiqués ; le
malade doit être soumis à une diète rigoureuse.
En Afrique les résultats consécutifs de l'exophthalmie ne sont pas en rapport avec la violence de
l'invasion; tout au plus ceux qui en ont été affectés ressentent-ils pendant quelques temps une pesanteur dans l'œil et quelques légers symptômes de
mouches volantes.

§ IX.

STAPHYLOMES.

Les staphylômes de la cornée et de l'iris ne sont pas chez les arabes, dans les mêmes proportions que les kératites et les iritis; mais chez les juifs, les staphylômes de la cornée surtout, sont très fréquents; c'est aux maladies scrofuleuses, très communes parmi les juifs, que nous attribuons cette différence dans les phénomènes consécutifs des kératites et des iritis parmi ces deux races. Une autre circonstance qui donne l'explication de ce fait, c'est que les Arabes ont souvent l'habitude de guérir les ophthalmies en tamponnant fortement l'œil pendant plusieurs jours avec des compresses et des mouchoirs serrés autour de la tête; cette pratique tout irrationnelle qu'elle soit pour la guérison des ophthalmies aiguës, comprime néanmoins la cornée, refoule en arrière les humeurs de l'œil et l'iris, et contribue à rendre moins fréquents les staphylômes de ces membranes; cela nous paraît d'autant plus probable, que Woolhouse et Platner, ont recommandé la compression pour la guérison des staphylômes, et que ce moyen est employé encore aujourd'hui avec succès par quelques praticiens, lorsque la maladie est récente et partielle.

Chez les juifs on rencontre plus souvent les staphylômes parmi les femmes et les enfants; dans les cas que nous avons observés, la vue était totalement abolie, même dans les staphylômes partiels; car, l'affection strumeuse générale, entretenait la conjonctivite, la portion de la cornée qui n'était pas staphylômateuse, se couvrait graduellement de vaisseaux variqueux et d'ulcérations très étendues qui lui faisaient perdre toute sa transparence.

Avant d'essayer toute espèce de médication contre le staphylôme, il faut chercher à combattre l'affection générale; on pratiquera ensuite des scarifications ou l'excision des varicosités de la conjonctive, et lorsque la phlogose locale aura cessé, on s'empressera de cautériser la partie staphylômateuse avec un pinceau imbibé dans une légère solution de nitrate d'argent. La cautérisation dans ces cas, doit être graduelle et modérée, car si elle est énergique, il pourrait s'en suivre la rupture du staphylôme et la sortie des humeurs de l'œil.

Ce traitement mixte appliqué dans les staphylômes récents et partiels, peut améliorer l'état de la cornée, et si les lésions de l'iris ne sont pas très étendues, on peut avoir l'espoir de conserver le peu de vue qui reste au malade, ou du moins, on arrive à éclaircir suffisamment la cornée pour pouvoir pratiquer plus tard une pupille artificielle.

Quant au staphylôme total, rien ne peut le guérir, si ce n'est l'excision entière ou partielle de la

cornée ; cette opération est indiquée toutes les fois
que le staphylôme comprend tout le disque de la
cornée, et lorsque la difformité, faisant saillie entre les paupières , entretient une irritation continuelle, qui pourrait avoir des suites fâcheuses sur
l'autre œil.

Staphylôme du corps ciliaire. — Dans un des
Douairs des Carazas (environs de Bone), j'ai observé une femme atteinte de staphylôme du corps
ciliaire à l'œil gauche, on sait que cette maladie
décrite pour la première fois par Walther, consiste
dans la varicosité des vaisseaux de la choroïde.

Le staphylôme du corps ciliaire n'est pas rare
en Europe, et si nous rapportons ce cas observé en
Afrique, c'est que la malade nous a assuré que
cela était arrivé spontanément sans violences externes exercées sur la sclérotique et sans que l'œil
eût souffert d'ophthalmies chroniques, ce qui offre
peu d'exemples. Nous ne pouvons expliquer ce fait
que par la constitution scrofuleuse de la personne
qui était affectée de staphylôme ; la sclérotique
tombée dans un état d'atonie s'était amincie, les
vaisseaux de la choroïde augmentés de volume,
avaient fait hernie à travers la membrane fibreuse,
et présentaient des espèces de petites tumeurs
bleuâtres et bosselées, la faculté visuelle était com
piétement abolie, la malade ne se plaignait d'aucune douleur ; l'œil droit était parfaitement sain.

CHAPITRE IV.

DE LA PRÉTENDUE INFLUENCE DES CLIMATS SUR LA PRODUCTION DE LA CATARACTE, OU DE L'INNOCUITÉ DE LA RÉVERBÉRATION DIRECTE DE LA LUMIÈRE SUR LES MILIEUX RÉFRINGENTS DE L'ŒIL.

Il y a dans l'esprit humain une disposition malheureuse, nous dirions plutôt une infirmité native, qu'il est plus facile de reconnaître que de guérir. Nous voulons parler de la facilité avec laquelle nous souscrivons à des propositions une fois énoncées, à des opinions toutes faites, pour peu qu'elles aient en leur faveur le bénéfice du temps et la consécration de la routine. Il ne nous arrive plus alors que fort rarement, et comme par hasard, de réfléchir sur le caractère hypothétique des notions que nous avons reçues de cette manière ; elles ont régné dans la science, une longue tradition les a propagées, et il n'en faut pas davantage pour qu'il s'y attache une certaine autorité qui domine et fascine en quelque sorte notre raison.

Il y a bien des choses, observait Montesquieu, qu'on répète tous les jours, uniquement parce qu'elles ont été dites une première fois. Nous pouvons ajouter que si cette transmission d'erreurs a des inconvénients dans l'histoire, elle présente des

dangers dans la science, et surtout dans la médecine. Il reste même encore à signaler une circonstance aggravante, c'est que les erreurs dont il s'agit
sont presque toujours radicales; elles ne consistent
pas, en effet, dans un raisonnement mal suivi, ou
dans des conséquences illogiquement déduites,
mais bien dans l'observation incomplète, et le plus
ordinairement dans la fausse appréciation des
faits.

Assurément, le mal que nous déplorons a dû
quelquefois être une nécessité dans les conditions
difficiles où la science s'est longtemps trouvée. Il
n'a pas toujours dépendu d'elle de choisir pour
point de départ un fait certain, et, comme il fallait cependant commencer par quelque chose, elle
a commencé par le préjugé. Mais aujourd'hui que
ces conditions sont si heureusement changées,
lorsque des méthodes nouvelles, ayant pour guide
l'expérimentation, conduisent à la vérité par des
routes sûres et bien connues, n'est-il pas affligeant
de voir la science s'égarer encore parfois, en suivant des opinions préconçues et des hypothèses
non vérifiées ?

C'est une erreur de cette nature que nous voulons essayer de détruire dans ce chapitre où nous
opposerons à un préjugé, trop longtemps admis,
les faits établis par une observation récente et per-
sonnelle.

Une opinion ancienne et presque générale con-

sidère la réverbération directe de la lumière et du
calorique sur l'appareil du cristallin comme une
des causes productrices de la cataracte, dans les
contrées méridionales. Cette affection, si telle était
sa cause réelle, devrait nécessairement être très
commune dans nos possessions d'Afrique. Eh bien!
nous déclarons que, les ayant parcourues précisément dans le but d'y étudier l'ophthalmologie,
ce qui nous a le plus étonné, c'est au contraire
l'excessive rareté de la cataracte parmi les indigènes. Nous pouvons en dire autant de la réverbération de la lumière sur des surfaces couvertes
de neige dans les contrées septentrionales.

Voilà donc une opinion à réformer, ou plutôt
à rayer définitivement dans les livres de médecine,
car nous ne connaissons rien qui ne doive céder
devant des faits constants et bien observés.

Comme nous n'avons d'autre intérêt que celui
de la science et de la vérité, nous n'hésiterons pas
à nous exécuter nous-mêmes dans cette circonstance. Nous sommes de ceux qui, d'après le témoignage d'écrivains et de voyageurs recommandables,
avaient partagé l'erreur que nous combattons aujourd'hui. Voici donc ce que nous avions écrit il
y a quatre ans dans une autre publication (1) « La
cataracte est très commune chez les personnes
exposées à la réverbération d'un soleil ardent sur

_____

(1) Traité pratique des maladies des yeux. — Paris, 1841 ; chez J.-B
Baillière.

des terrains blancs et sablonneux. L'action prolongée d'une lumière naturelle très vive réfléchie
par des surfaces couvertes de neige produit le
même résultat. »

Examinons maintenant les faits ; tous, au contraire, établissent, ainsi que nous l'avons déjà dit,
l'innocuité de la lumière naturelle très vive sur
l'appareil du cristallin.

Pendant la durée de notre mission à Alger,
Constantine, Oran, Bone, Bougie, Philippeville,
Gigelly, et dans toutes les villes et tribus que nous
avons parcourues, nous n'avons rencontré qu'une
quinzaine de cataractes franches et sans aucune
complication. Nous avons visité, il est vrai, plusieurs personnes affectées de cataracte qui se sont
présentées à Alger au bureau arabe de Mecque et
Médine ; mais ces cataractes étaient le résultat
d'ophthalmies chroniques très intenses et compliquées de conjonctivite oculo-palpébrale, d'entropion et d'obscurcissement plus ou moins complet
de la cornée. Un fait également digne d'observation c'est qu'en Algérie les cataractes consécutives
des ophthalmies, sont moins fréquentes qu'en
Europe. M. le docteur Tobler de Lezenbrug avait
fait cette même remarque en Egypte ; rarement,
dit-il, l'ophthalmie Egyptienne, occasionne le développement de la cataracte. (1)

(1) *Pommer's schweiserische zeitschrift.* — Voyage en Orient. *Anal.*
d'Oc. T. III.

Un homme qui, par sa position et son long séjour en Afrique, était à même de nous éclairer sur
cette question, M. Baudeos, nous a assuré n'avoir
rencontré que rarement la cataracte, même au
commencement de la conquête, lorsque aucune
opération de cette maladie n'avait encore été pratiquée en Algérie.

MM. Méardi et Beaudichon à Alger, Lodibert et
Mestre à Philippeville, Moreau et Gaudinau à
Bone, n'ont vu également que fort peu de cas de
cataracte, et ils se sont assurés comme nous
qu'ordinairement ces cataractes étaient le résultat
d'autres maladies oculaires.

Les observations faites à Constantine sont encore
plus concluantes. M. Vital, médecin en chef de
l'hôpital de cette ville, y a opéré, depuis l'occupation, une douzaine d'indigènes affectés de cataracte ; mais qu'est-ce que douze cataractes pendant
l'espace de six ans, dans une grande ville comme
Constantine, où, jusqu'à cette époque, personne
ne s'était livré à des opérations chirurgicales ?

M. Warnier, qui a longtemps habité l'ouest de
l'Algérie, et qui, au marché de Mascara, les vendredi,
samedi et dimanche, avait occasion de voir plus
de deux cents personnes, n'a rencontré que cinq
cataractes. Mais ce qui nous paraît surtout prouver la rareté de la cataracte en Afrique, c'est que
les médecins indigènes, qui connaissent d'une manière imparfaite, il est vrai, la plupart des mala-

dies chirurgicales et leurs procédés opératoires,
n'ont aucune notion sur l'opacité du cristallin et
sur son traitement. Ainsi, lorsque la première opération de cataracte a été pratiquée avec succès par
nos chirurgiens, la population indigène a crié *au
miracle.*

Il est inutile de dire que nous ne parlons ici que
des médecins indigènes d'aujourd'hui; car les anciens médecins arabes, tout en ayant des idées
erronées sur le siége et la nature de la cataracte,
n'en connaissaient pas moins les moyens curatifs (1), tandis que les Thébibes actuels non seulement ne lisent pas les ouvrages d'Albucasis, d'A-
vicenne et de Rhazès, mais la plupart ignorent
même les noms de leurs illustres ancêtres.

Si de l'Afrique nous passons dans un pays également exposé à un soleil ardent, la Sicile, nous y
ferons les mêmes observations. D'après le relevé

_____

(1) Albucasis employait la cautérisation sincipitale pour guérir la cataracte : « Jubeto, dit-il, radere caput ægri, urasque illum una ustione in
medio capitis ejus : dein uras illum duabus ustionibus super duo tempora. »
Ce chirurgien connaissait cependant l'opération de la cataracte par l'aiguille. « Albucasis cataractam membranaceam acubus canaliculis exsugere
tentavit. » (Haller). Avicenne qui, pour abaisser la cataracte se servait de
deux aiguilles, l'une très-aiguë pour percer les tuniques de l'œil , l'autre
obtuse pour déprimer la cataracte, se servait également de la cautérisation :
« cauterium super verticem est necessarium, ut retineatur catharrus. »
L'extraction elle-même, que les modernes attribuent généralement à Daviel,
était pratiquée par les anciens chirurgiens arabes ; cette méthode opératoire se trouve décrite dans les ouvrages d'Ali-Abbas, Rhazès, Abul-Kasen,
Isa-ben-Ali, etc.

statistique que nous avons dressé dans les hôpitaux de Catane, de Palerme et de Messine, nous avons constaté que la cataracte était moins fréquente dans les villes maritimes où les habitants sont exposés continuellement à la réverbération d'un soleil ardent, que dans les pays agricoles de l'intérieur de l'île.

A Naples, la cataracte est moins fréquente qu'à Paris, et pour s'en convaincre, il suffit de savoir que sur une population de quatre cent et quelques mille âmes, on opère à la clinique ophthalmologique dans une année beaucoup moins de cataractes que pendant un mois dans les hôpitaux et les dispensaires de Paris.

Quant aux départements de la France, nous n'avons pas encore fait une statistique exacte sous ce rapport ; mais il est presque certain qu'à Marseille, à Toulon et aux îles d'Hyères, il y a moins de personnes affectées de cataracte que dans les villes du nord.

Cependant, quelques chirurgiens modernes. Montain (1), Ruelle (2), Conand (3), etc., ont cru remarquer que certaines contrées de la France semblaient très favorables au développement de la cataracte ; ils citent, par exemple, les habitants du

(1) Traité de la cataracte.

(2) Dissertation sur la cataracte. Paris, 1824.

(3) De la cataracte et de son traitement ; thèse. Paris, 1827.

Vivarais (Ardèche), où la cataracte est très commune. On attribue principalement ce phénomène à la réverbération produite par des matières volcaniques qui forment, en quelque sorte, la base des terres du Vivarais. » On voit, en entrant dans le Vivarais, qu'il a été le théâtre où des volcans très multipliés et très anciens ont exercé toute leur fureur. On y reconnaît une multitude de buttes, de pics, de montagnes, de laves, et on y distingue encore des cratères aussi bien caractérisés que plusieurs de ceux des volcans actuellement brûlants. » Ce passage de Faujas de Saint-Fond (1), cité par les auteurs sus-indiqués, ne prouve rien, il me semble, à l'appui de leur opinion ; car si dans les pays tempérés la réverbération produite par les matières des volcans éteints a une influence fâcheuse sur le cristallin, dans les environs des volcans en éruption, comme l'Etna et le Vésuve, la cataracte devrait être très fréquente : or, les observations que nous avons faites à Bronte, à Catane, à Portici, à la Torre del Greco, et dans les principales villes de Naples et de Sicile qui sont bâties sur la lave du Vésuve et de l'Etna, prouvent tout le contraire.

Nous avons insisté sur ce point, parce que dans la dernière édition de l'ouvrage d'ophthalmologie de Mackenzie, traduit par MM. Laugier et Richelot, nous avons remarqué le passage suivant. « On

(1) Recherches sur les volcans éteints du Vivarais.

dit que les habitants des pays volcaniques, comme Naples et la Sicile, sont très sujets à la cataracte. »

Maintenant, pour ce qui regarde le Vivarais, a-t-on bien examiné à quelle classe de la société appartient le grand nombre des personnes cataractées? Si l'on a à faire à des cultivateurs, ne trouve-t-on pas la raison de cette fréquence dans les travaux de la campagne , qui , forçant les individus à se tenir dans une position fléchie, la tête souvent baissée, produisent la compression des viscères abdominaux et les congestions cérébrales , causes plus évidentes et plus directes de la cataracte? Et s'il s'agit de professions libérales, ne sait-on pas la grande influence qu'elles exercent dans les villes sur la production de la cataracte et d'une foule de maladies oculaires? Pour être juste, cependant, envers les auteurs que nous venons de citer, il faut dire que quelques-uns, tout en admettant l'influence fâcheuse des terrains volcaniques sur l'appareil du cristallin, ne laissent pas d'examiner avec soin l'exercice professionnel dans l'étiologie de la cataracte.

Citons enfin, à l'appui de notre proposition, ce qui se passe à la Martinique et à la Guadeloupe. M. Rochoux qui a exercé pendant cinq ans la médecine dans ces contrées, n'a opéré que trois cataractes chez les nègres.

Il serait superflu d'énumérer un plus grand nombre de faits pour prouver l'innocuité de la réverbération directe de la lumière et du calorique sur le cristallin dans les pays chauds.

Examinons maintenant l'action qu'exerce, dans les pays froids, une lumière très intense sur les milieux réfringents de l'œil. On admet généralement, d'après la relation de quelques voyageurs, que la lumière réfléchie par des surfaces couvertes de neige cause la cataracte. On a remarqué, en outre, que cette maladie affecte particulièrement les individus dont la profession est d'aller chercher la neige sur les montagnes pour approvisionner les villes; et on a dit que la cataracte est fort commune en Laponie, où elle est même opérée par les naturels du pays. Telle est l'opinion des voyageurs, opinion qui, du reste, a souvent besoin d'être soumise au contrôle des hommes de l'art. En effet, malgré toute leur instruction et leur bonne foi, les gens du monde n'étant pas versés dans l'étude des maladies des yeux, peuvent prendre pour une cataracte toute espèce de tâche gris-nacré qui se trouve sur la cornée et dans les parties profondes de l'œil. Notre doute à cet égard est d'autant plus fondé, que les renseignements qui nous ont été communiqués par un de nos savants confrères, M. Martins, membre de la Commission scientifique du Nord, ne sont nullement conformes aux idées émises par les voyageurs et reproduites par la plupart des auteurs d'ophthalmologie. M. Martins a rencontré rarement la cataracte en Laponie, en Norwège, etc. Les ophthalmies qui sévissent parmi les indigènes ne sont pas le résultat de la réverbération d'une lumière très-vive sur des surfaces couvertes de neige ; on doit plutôt en attribuer la cause, surtout parmi les Lapons, à l'habitude de séjourner pendant l'hiver sous des cabanes ou sous des tentes remplies de fumée. En effet, de tous les membres de la commission sus-indiquée un seul fut affecté d'ophthalmie, parce qu'ayant passé l'hiver pour faire des observations sur des étoiles filantes, il a été forcé de vivre, comme les indigènes, sous des tentes, au milieu d'une atmosphère chargée de fumée et d'humidité.

En admettant même, contrairement au témoignage que nous venons de citer, que la cataracte soit fréquente dans ces régions, n'est-il pas plus probable de croire qu'elle serait plutôt le résultat des ophthalmies que de la réverbération directe d'une lumière trop vive sur des surfaces couvertes de neige ? Et d'ailleurs, a-t-on bien réfléchi que cette prétendue coïncidence de surfaces couvertes de neige et de lumière très intense n'est pas admissible ? Car de deux choses l'une ; ou l'influence de cette réverbération a lieu en hiver, ou en été : dans le premier cas, à partir du cercle polaire, les jours sont excessivement courts (de quatre à cinq heures), souvent brumeux et presque sans soleil. Dans le second cas, c'est-à-dire en été, pendant les jours dits *perpétuels*, il n'y a pas de neige. Ainsi donc, lorsque la lumière est très intense, il n'y a pas de neige ; et lorsque les terrains sont couverts de neige, le jour est très faible pour qu'il ait une réverbération de rayons assez vive pour occasionner la cataracte.

Il est vrai que l'action continue de la lumière pendant le jour perpétuel et les aurores boréales exerce une influence fâcheuse sur l'organe de la vue ; mais les lésions qui en résultent se manifestent sur la conjonctive et sur la cornée et rarement sur les milieux réfringents de l'œil.

Pour prouver l'influence qu'exerce sur les milieux réfringents de l'œil la lumière réfléchie par des surfaces couvertes de neige, on rapporte le passage de Xénophon sur l'armée de Cyrus. On sait, en effet, que cette armée ayant marché quelques jours à travers des montagnes couvertes de neige, un grand nombre de soldats perdit entièrement la vue. Mais n'est-il pas évident qu'il est plutôt question, dans ce passage, d'ophthalmies catarrho-purulentes que de cataractes ?

Enfin, plusieurs personnes qui ont visité les mines de sel de Pologne ont été surprises d'apprendre que l'opacité du cristallin était très commune parmi les ouvriers employés à cette exploitation. Est-ce le résultat de la lumière artificielle réfractée par les cristaux salins, ou bien celui de l'action chimique des hydrochlorates ? Nous sommes plutôt porté à admettre cette dernière opinion, d'autant plus que nous avons rencontré souvent la cataracte chez les fabricants d'acides minéraux et chez les graveurs sur métaux. On sait que ces derniers se servent d'acides plus ou moins concentrés pour la composition de leurs mordants.

Quant à la lumière et à la chaleur *artificielles*, quel que soit le climat, elles ont toujours une influence incontestable sur la production de la cataracte; on sait, en effet, que cette maladie affecte souvent les forgerons, les platriers, les boulangers, les cuisiniers, les doreurs sur métaux qui travaillent toujours près des charbons ardents; les cordonniers et les graveurs sur bois habitués à prolonger leurs travaux pendant la nuit devant une lampe dont la lumière passe à travers un globe en cristal plein d'eau.

Citons enfin à l'appui de cette proposition l'éclairage au gaz; car ainsi que nous l'avons prouvé ailleurs (1), l'introduction de ce système d'éclairage a exercé une influence fâcheuse sur l'œil en général et sur les milieux transparents de cet organe en particulier. Dans plusieurs villes d'Angleterre où les cabinets littéraires sont éclairés au gaz, la plupart des lecteurs ont les yeux fatigués au bout d'une heure ou deux de travail, tandis que dans les cabinets de lecture éclairés d'après l'ancien système on peut travailler plusieurs heures

(1 Traité pratique des maladies des yeux.

sans que la vue soit fatiguée. L'influence délétère qu'exerce sur l'organe visuel le gaz à éclairage est surtout manifeste parmi les personnes livrées à l'industrie cotonière, et dans les établissements éclairés au gaz, jusqu'à une heure très avancée de la nuit.

Conclusions. 1° Contrairement à l'idée émise jusqu'à ce jour, nous croyons que l'action prolongée d'un soleil ardent et la réverbération de ses rayons sur des terrains brûlants et sabloneux n'a aucune influence directe sur l'appareil du cristallin.

2° Les cas rares de cataracte qu'on observe dans les pays chauds, et qu'on attribue à l'action directe d'une lumière trop vive, ne sont dus qu'aux altérations consécutives que subissent les parties réfringentes de l'œil par suite d'ophthalmies intenses négligées et opiniâtres.

3° La fréquence de la cataracte dans les pays froids est due plutôt aux habitudes et à la manière de vivre des populations qu'à l'influence du climat et à l'action directe d'une vive lumière. Ainsi, nous croyons que l'usage des boissons alcooliques, l'âge, les lésions traumatiques, l'exercice des professions libérales ou mécaniques qui prédisposent aux congestions cérébrales, et qui forcent les individus à travailler sur de petits objets, à la lumière artificielle ou devant un feu ardent, sont les causes principales et directes de la cataracte.

CHAPITRE V.

JUIFS D'AFRIQUE.

Suivant l'opinion la plus common une, les juifs durent entrer en Afrique, sous Vespasien, au moment où Titus, son fils, venait de prendre Jérusalem. Quoique plusieurs auteurs ne fassent remonter leur arrivée dans ce pays qu'au xiiie siècle, après leur expulsion d'Espagne, on ne peut disconvenir qu'il y ait dans l'histoire des faits qui établissent d'une manière certaine la présence des juifs sur les côtes de Barbarie longtemps avant cette dernière époque; on voit, par exemple, dès le viie siècle, sous le règne du roi goth Sisebout, les israélites d'Espagne passer en Afrique. Des voyageurs y ont rencontré, sur divers points de petites peuplades ou tribus qui suivaient fidèlement la loi de Moïse, sans avoir conservé le moindre souvenir de ces deux migrations, non plus que d'un grand nombre d'événements assez importants dans l'histoire du peuple hébreu; il est probable qu'ils étaient venus d'autres contrées et en d'autres temps. On a même d'assez fortes raisons de croire que les premiers de cette race qui pénétrèrent dans l'Afrique n'avaient pas attendu la ruine et la dispersion d'Israel.

Quoiqu'il en soit, les juifs d'Afrique sont loin
d'avoir dégénéré, sous le rapport physique ; mais
c'est surtout chez ceux de Constantine qu'on re-
trouve ce beau sang, ce type judaïque si justement
admirés dans les temps primitifs et dont la parfaite conservation doit être principalement attribuée à ce que la race ne s'est jamais croisée avec
les autres. Il faut considérer, en outre, que les
juifs se nourrissent beaucoup mieux que les Arabes
et même que les Maures, et jouissent d'une plus
grande aisance dans leur intérieur.

Les juifs l'emportent également sur les autres
habitants de l'Afrique, par l'intelligence et par une
rare aptitude à toute espèce de progrès. La facilité extraordinaire avec laquelle ils se sont déjà
initiés à notre langue et à notre civilisation, les a
faits les intermédiaires entre les Français et les Arabes pour opérer progressivement une fusion sur
laquelle repose l'avenir de la colonie; à ce titre,
ils méritaient l'attention bienveillante dont ils ont
été l'objet de la part du gouvernement. Dans la
vue d'améliorer leur condition et d'augmenter
leurs moyens de nous être utiles, M. le ministre
de la guerre a nommé une commission qui a décidé que les lois particulières, les règlements d'intérêt privé, les coutumes ayant acquis force de loi,
qui jusque-là régissaient les israélites, seraient
abolis et remplacés par le droit commun dont
jouissent tous les autres habitants de nos posses-

sions d'Afrique, les musulmans exceptés. Quelque avantageuse que doive être pour les juifs une mesure qui les assimile en tout aux Français et les élève au rang de citoyens, elle n'est qu'un acte de justice et de bonne politique.

Suivant la même décision, des salles d'asile et des écoles régulièrement instituées seront ouvertes pour les enfants qui n'auront plus rien à envier à ceux des familles chrétiennes. Enfin, le culte même des israélites doit recevoir une organisation qui conciliera le respect des traditions avec le progrès des mœurs et les exigences de la nouvelle législation; car il ne faut pas oublier que les juifs d'Afrique, admis au bénéfice de la loi française, perdent, par cela même, la faculté du divorce.

A la considérer dans son ensemble, nous ne pouvons que louer sans restriction une mesure qui assure les plus grands avantages moraux et matériels à une population active, intelligente et déjà toute dévouée aux intérêts de la France.

§ I.

ENTROPION.

L'entropion ou introversion des paupières est une des suites les plus graves et les plus fréquentes des ophthalmies d'Afrique. Parmi les musulmans que nous avons été chargé d'examiner à Alger, au bureau arabe de Mecque et Médine, nous avons constaté l'entropion et le trichiasis vingt-cinq fois sur cent personnes affectées de maux d'yeux. M. Guyon avait déjà observé (1) que cette dernière affection était tellement commune parmi les indigènes du Bélad-el-Djerid, qu'elle faisait le désespoir des malades qui s'en délivraient par l'arrachement des cils; mais c'est surtout sur les juifs que l'entropion et le trichiasis font de grands ravages, car ils occasionnent souvent la perte de la vue et la désorganisation de l'œil. La fréquence de l'entropion en Algérie, ses différentes formes, ses causes et son opiniâtreté méritent qu'on lui consacre dans cet ouvrage un article spécial.

De même qu'en Europe, l'entropion est en Afrique, *simple*, ou *multiple*, *partiel* ou *général*; mais au lieu de le rencontrer plus souvent sur la paupière inférieure, nous le trouvons indistinctement tantôt sur l'une tantôt sur l'autre des paupières et très souvent sur les deux à la fois. Lorsque l'entropion est simple les cils se renversent en dedans et viennent heurter le globe de l'œil, mais on les aperçoit encore en partie; dans les cas graves, le bord palpébral se roule sur lui-même comme du parchemin mouillé, alors les cils, le bord libre de la paupière et souvent une grande partie de ces voiles membraneux disparaissent complètement; leur présence dans l'œil, et l'exposition directe de cet organe à l'air atmosphérique et à tous les agents

(1) *Gazette médicale.* — Année 1838.

extérieurs produisent les phénomènes suivants : — Larmoiement, douleurs intenses de l'œil et des tempes, quelquefois des maux de tête insuportables, rougeur et boursouflement de la conjonctive, jusqu'à la production du pannus; ulcères et ramolissement de la cornée, et dans les dernières périodes de la maladie fonte et atrophie du globe; enfin, dans les cas les plus graves, dégénérescence de l'œil.

Chez quelques enfants nous avons observé une déviation latérale de la colonne cervicale; cette déviation, qui résulte de l'irritation photophobique, disparaît lorsqu'on guérit radicalement l'entropion.

Causes. — Les chirurgiens citent parmi les causes qui produisent plus particulièrement l'entropion, les blessures, les brûlures avec perte de substance; l'enlèvement de kystes ou de tumeurs volumineuses des paupières; le défaut de soin dans la direction de la cicatrisation, etc.; mais nous croyons qu'en Afrique et surtout parmi les juifs, l'entropion doit être attribué à d'autres causes prédisposantes et occasionnelles que nous allons indiquer.

Dans l'aperçu anatomique que nous avons donné sur la disposition des cils et sur la dimension des paupières, nous avons dit que ces voiles mobiles étaient très grands chez les indigènes; cette disposition organique doit être une des principales causes de l'entropion, car les paupières une fois relâchées ou affaiblies par les ophthalmies ou par l'âge, forment des plis à leurs bords libres, se renversent en dedans, en se roulant sur elles-mêmes, et produisent l'entropion.

La chute de la paupière occasionnée par l'âge et par sa grandeur naturelle est d'ailleurs favorisée par la coiffure et les mœurs du pays. On sait que les indigènes, Arabes, Juifs, etc., ont toujours la tête couverte; eh bien! qu'on examine leurs différentes espèces de coiffures généralement lourdes, compliquées et très serrées, et l'on verra que tout contribue à presser et à comprimer la peau de la tête et du front de haut en bas, et comme à la commissure des paupières les téguments ne trouvent plus d'obstacles, ils se retournent en dedans et produisent l'affection dont nous venons de parler.

Citons un exemple de ces coiffures comme une des causes très évidentes d'entropion. Les femmes juives ont l'habitude de porter sur la tête une espèce de bonnet cauchois qu'elles appellent *sarma;* ce bonnet, de la forme d'un cône, renversé sur la partie postérieure de la tête, est en argent du poids d'une livre à une livre et demie, il est fixé par un foulard très serré autour de la tête; de cette manière la peau tendue et tirée en arrière, donne de la beauté dans la jeunesse, parce qu'on fait disparaître par ce moyen les rides et les rugosités; mais dans la vieillesse, la peau et le tissu cellulaire sous-cutané, se relâchent, et les rides retombent sur les paupières. On rencontre cette particularité de costume plus souvent chez les juives de Constantine que dans les autres villes de la colonie.

Nous considérons aussi comme une des causes de l'entropion la contraction habituelle des paupières ; on sait que les indigènes sont habitués à les contracter souvent et fortement pour se préserver des rayons du soleil et de l'action de la poussière ; par cette contraction, les paupières conservent une tendance à se porter en dedans d'avant en arrière contre le globe de l'œil. Weller avait déjà observé que l'entropion était fréquent chez les personnes qui avaient l'habitude de contracter fortement les paupières pour examiner pendant longtemps les petits objets.

La constitution lymphatique, surtout chez les enfants et chez les vieillards est aussi une des causes prédisposantes de l'entropion. La peau des paupières est chez eux très flasque et les tarses ramollis et incapables de soutenir et de conserver leur courbure naturelle.

Disons enfin que la malpropreté et la mauvaise habitude qu'ont les indigènes de se couvrir fortement les yeux malades avec une masse de compresses et de mouchoirs souvent sales et grossiers allonge les paupières, pousse les bords palpébraux en arrière, affaisse les tarses et produit l'introversion des paupières et des cils.

Quant aux causes occasionnelles de l'entropion, il faut citer d'abord les blépharites et les conjonctivites chroniques et négligées ; ces affections rongent et détruisent à la longue quelques portions de la conjonctive palpébrale qui, en se cicatrisant, se resserre sur elle-même et tire en dedans les tarses et les cils.

Chez les juifs, les conjonctivites et les blépharites chroniques sont entretenues par l'infection des latrines qui sont dans les cours de leurs habitations, et par la mauvaise habitude qu'on a de teindre les cheveux aux enfants et de les laisser trop longs et très sales ; c'est ainsi que chez les petites filles, les cheveux se mélangent et s'empâtent tellement qu'ils forment quelquefois comme une espèce de plaque. La longueur des cheveux chez les enfants, est pour nous une cause si évidente d'ophthalmie chronique, qu'il nous arrive fort souvent de guérir des blépharites et des kérato-conjonctivites très opiniâtres, en faisant raser complètement le cuir chevelu ; quelquefois nous faisons pousser sur la tête rasée une espèce de *gourme* artificielle.

La teigne des cils et des sourcils contribue aussi à la production de l'entropion ; cette teigne est quelquefois si grave chez les juifs, qu'elle détruit les ongles ; il n'est pas rare de voir leurs cils disparaître et les tarses se détruire complètement.

Traitement. — Le traitement de l'entropion est exclusivement chirurgical. Il n'y a pas d'opération plus facile dans son exécution, et plus sûre dans ses résultats, que celle de l'entropion, si l'on choisit la méthode et si l'opération est indiquée assez à temps pour sauver le globe de l'œil. Il se rait inutile de faire ici l'exposition même sommaire des nombreux procédés opératoires proposés ou mis en usage pour la guérison de l'entropion, nous nous bornerons à indiquer ceux qui nous paraissent les plus sûrs et que nous avons le plus souvent pratiqués en Algérie.

Dans un travail sur l'Afrique, il eut été sans doute convenable d'exposer l'historique et l'appré ciation des anciennes méthodes, que les Arabes mettaient en usage dans les différentes opérations qu'ils pratiquaient sur les yeux; mais cela nous aurait mené à des détails d'érudition superflus et qui n'auraient pas été en rapport avec le but et l'étendue de cette publication : ce sera le sujet de nouvelles recherches que nous nous proposons d'entreprendre *sur l'Histoire ancienne et moderne de l'ophthalmologie*, et surtout sur les découvertes et les travaux de l'école arabe.

Les deux principales méthodes pour la guérison de l'entropion, appartiennent à cette école; ce sont l'excision de la peau des paupières, et la cautérisation.

Excision. — Ce procédé, préconisé par le célèbre chirurgien de l'Irak, Razhès, adopté par Scarpa et par la plupart des chirurgiens modernes, est très simple, s'exécute facilement, cause peu de dou leur et produit une guérison prompte et sûre; on

sait qu'il consiste à saisir un repli transversal de la
peau des paupières et à l'exciser d'un seul coup
avec des ciseaux courbes sur le plat.

Scarpa croit inutile, pour réunir les lèvres de la
plaie, de pratiquer la suture, et il conseille d'assurer parfaitement leur contact mutuel à l'aide d'un
bandage ou de quelques bandelettes fixées sur la
région malaire et le bord supérieur de l'orbite ; les
praticiens français n'ont pas suivi ce dernier précepte, et pour s'assurer d'un résultat définitif ils
réunissent la plaie à l'aide de quelques points de
suture immédiatement après l'excision. Cette pratique est plus rationnelle, car elle a l'avantage de
réunir la plaie plus promptement, de faire une cicatrice moins difforme, d'empêcher la rétraction
des bords de la plaie et la récidive. C'est ce procédé que j'ai suivi dans les opérations que j'ai faites
à Constantine sur quelques indigènes et entre
autres sur les nommés Abraham Adia, juif; Salo-
mon Safar, idem ; Sara-ben-Abraham Ben-Zigra,
idem ; Hadji Mosfoud, arabe, etc.

Quelques fois, dans les opérations faites en
Algérie, nous avons mis en usage le procédé de
M. Florent Cunier, qu'on pratique de la manière
suivante : après avoir fait à la peau des paupières
un pli d'une dimension convenable, pour empêcher le renversement, on passe des épingles à insectes dites de Carlsbad, à travers le pli en y com-
prenant quelques fibres de l'orbiculaire. Les épin-

gles une fois posées, on étrangle autour d'elles la peau palpébrale, en pratiquant l'entortillement comme pour la suture ; ce temps fini, on excise avec des ciseaux le morceau de tégument qu'on a étranglé ; au bout de quelques jours les épingles laissent en tombant, autant de cicatrices adhérentes.

Dans quelques cas nous avons pratiqué l'opération de l'entropion par un autre procédé arabe, recommandé par Dionis et Lafaye et préconisé dans ces derniers temps par M. Velpeau. Ce procédé consiste à faire un pli à la peau des paupières, à la traverser avec trois fils au milieu et à chaque extrémité et à exciser le pli une ligne en avant des fils ; de cette manière dès que l'excision est faite, il ne reste plus qu'à nouer les fils pour compléter la suture, et à réunir exactement la plaie ; en agissant ainsi, on n'est pas gêné par le sang, et l'aiguille traverse plus facilement les tissus.

J'ai l'habitude de faire le pli de la peau et l'excision très étendus et quelque fois d'un angle à l'autre de l'œil, on est plus sûr ainsi de ne jamais avoir de récidive. Il m'est arrivé quelques fois, surtout chez les juifs, dans les cas de roulement double des paupières, d'enlever presque toute la peau palpébrale, et de faire des points de suture depuis le bord libre de la paupière jusqu'à la circonférence orbitaire ; car il ne suffit pas que les

cils et le bord des paupières soient dégagés de l'orbite, il faut qu'après l'opération les cils soient dirigés d'arrière en avant et de bas en haut, qu'il y
ait enfin un léger ectropion, car la peau chez les
sujets dont nous parlons, est tellement flasque que,
si l'on ne prenait pas cette précaution, elle finirait
en se relâchant graduellement par reproduire un
entropion, moins intense que l'ancien il est vrai,
mais toujours assez fort pour irriter une seconde
fois le globe de l'œil et compromettre la vision.

Cautérisation. — Avant Rhazès, les chirurgiens
arabes, avaient déjà compris que le seul moyen de
guérir radicalement l'entropion était de détruire
d'une manière quelconque l'excès de peau de la
paupière, qui en se relâchant se roulait dans l'œil;
pour cela ils se servaient d'un morceau de potasse
caustique qu'ils promenaient le long de la paupière ; la plaie et la forte cicatrice qui résultaient
de cette brûlure rapetissaient la paupière qui se
dégageait du globe, et la guérison était plus ou moins
complète. Ce procédé a été préconisé dans ces derniers temps par Helling, qui, au lieu de se servir
de potasse caustique, emploie l'acide sulfurique
ou azotique, jusqu'à ce que la cautérisation soit
suffisante et que la partie suppure; aussitôt que la
première eschare est tombée, il faut recourir à
une seconde cautérisation qu'on renouvellera une
troisième ou même une quatrième fois.

M. Quadri s'est approprié ce procédé qu'il emploie presque exclusivement, et nous avons vu des malades traités par ce chirurgien, qui étaient bien loin d'être guéris radicalement. Les praticiens consciencieux ont renoncé à ce traitement qui est peu sûr et accompagné d'un grand nombre d'inconvénients. Voici les principaux :

1° Pour que la cautérisation soit suivie de succès, il faut la répéter trois ou quatre fois, et faire souffrir plusieurs fois le malade, tandis que par l'excision la douleur est moindre, et l'on est sûr de ne plus avoir à y revenir.

2° Par l'excision, on peut facilement prendre les dimensions des parties qu'il faut enlever, tandis qu'en employant les acides, il est difficile de proportionner la cautérisation à l'étendue de la maladie.

3° Par cette dernière méthode la cicatrice sera difforme et bourgeonneuse ; tandis que par l'excision elle est lisse et linéaire.

4° Enfin, l'excision peut être toujours indiquée même dans les cas les plus compliqués ; la cautérisation, au contraire, n'est applicable que dans les cas simples ; aussi nous défions les partisans de cette méthode de guérir *un seul* cas d'entropion avec un roulement double du bord de la paupière chez les juifs d'Afrique, à moins de se servir de la méthode égyptienne, qui consiste à brûler d'amblée la paupière avec un fer rougi à blanc ; méthode renouvelée par Ambroise Paré et par Ware, et remise en vogue dans ces derniers temps par M. Jobert de Lamballe.

Quelques Arabes de Constantine nous ont assuré que, dans les environs de Tunis, les naturels du pays guérissent l'entropion en faisant un pli à la peau des paupières, et en la traversant avec plusieurs soies de cochon qu'on noue sur le pli et qu'on serre jusqu'à ce qu'il y ait un ectropion. Il est difficile, cependant, de comprendre que les indigènes fassent usage de soies de cochon pour l'entropion, car on sait qu'il est défendu aux Arabes par le Koran de se servir de quoi que ce soit qui appartienne au cochon, animal immonde; d'ailleurs, la soie du sanglier d'Afrique est trop friable pour se prêter aux ligatures. Quelques Thebib arabes que nous avons consultés à cet égard, n'ont pu nous donner aucun renseignement. M. le docteur Warnier nous a assuré avoir fait beaucoup d'opérations d'entropion à Mascara, en présence du Thebib des réguliers de l'émir Abd-el-Kader, Sidi Mohammed Tounsi, originaire de Tunis, qui ignorait complètement cette opération.

Méthode sous-cutanée. — L'impulsion donnée par M. Guérin à la méthode sous-cutanée pour la section des muscles et des tendons a conduit M. Florent Cunier à tenter ce moyen pour la guérison de l'entropion, qui résulte du spasme et de la rétraction des muscles des paupières. Les opérations faites par ce chirurgien et pratiquées ensuite d'a-

près sa méthode par MM. Phillips, Pétrequin, Neu-
mann, Brackman, etc., ne laissent plus aucun
doute sur l'efficacité de la section sous-cutanée du
muscle orbiculaire pour la guérison de l'entropion.
La seule objection que nous fassions à cette méthode, est la crainte des récidives; par conséquent,
elle a encore besoin de la sanction du temps et de
l'expérience.

Moyens mécaniques. — Pour la guérison de l'entropion commençant, quelques chirurgiens ont
proposé l'emploi d'appareils mécaniques afin de
tenir les paupières écartées ou relevées ; ces moyens
doivent être rejetés de la bonne chirurgie ; s'il
y a entropion vrai, ils sont inutiles, et s'il ne s'agit
que d'une simple introversion temporaire résultant de la laxité des téguments, on risque, en al-
longeant la peau des paupières par le tiraillement,
de produire plus tard un entropion plus prononcé;
car, ainsi que nous l'avons prouvé en parlant des
femmes juives, toute espèce de compression mécanique dans le voisinage des paupières allonge la
peau de ces voiles mobiles et produit l'entropion.
L'introversion temporaire dont parlent quelques
auteurs, et pour laquelle on a employé les moyens sus-
indiqués, n'a jamais de suites graves ; elle disparait
ordinairement par une médication topique astrin-
gente dans l'intérieur des paupières, et si ce moyen
échoue, on est sûr d'obtenir la guérison en appli-
quant un petit vésicatoire anglais de la grandeur

de la paupière, d'après la méthode de M. Carron
du Villards. Pour entretenir la dénudation du der-
me et activer l'accroissement des bourgeons charnus, il est nécessaire de toucher de temps en temps
ces bourgeons avec quelques gouttes de teinture
de cantharides. Ce genre d'entropion a lieu souvent chez les vieillards lorsqu'à la suite d'opérations pratiquées sur les yeux, on applique fortement des compresses et des bandages; cela arrive
par le fait de quelques chirurgiens qui se servent
encore de charpie pour le pansement des yeux après
l'opération de la cataracte, et qui tamponnent la
partie opérée, comme s'il s'agissait de panser une
cuisse amputée; on peut guérir cette espèce d'entropion accidentel à l'aide d'un moyen très simple
employé par Rhazés et par les Arabes d'aujourd'hui;
ce moyen consiste à faire un pli à la peau et à comprendre ce pli dans un petit morceau de roseau
fendu à l'une de ses extrémités.

Une chose digne de remarque dans les nombreuses opérations d'entropion que nous avons
faites en Afrique, c'est que jamais il n'y a eu de réaction inflammatoire; nous verrons plus tard en
parlant de la médecine chez les arabes que l'inflammation traumatique est excessivement rare
dans la plupart des opérations qu'on pratique dans
ce pays, dans les blessures d'armes à feu, etc.

Quelle que soit la méthode mise en usage pour
l'opération de l'entropion, il faut toujours faire

subir au malade un traitement médical consécutif,
car on est sûr de trouver le globe de l'œil plus ou
moins endommagé. L'excision des vaisseaux variqueux qui couvrent la cornée, est la première indication à remplir. Si la conjonctive n'est qu'en-
gorgée à cause de l'ophthalmie chronique, de
simples scarifications suffisent; on aura soin de
laisser abondamment couler le sang et d'appliquer,
si la conjonctivite chronique est opiniâtre, quelques sangsues derrière l'oreille.

Lorsque la cornée est opaque, épaissie et couverte d'une pellicule membraneuse, on peut employer avantageusement l'abrasion, préconisée par
les anciens médecins, et sur laquelle M. Malgaigne a
appelé, il y a deux ans, l'attention des praticiens.

Il arrive quelquefois qu'après l'opération de l'entropion, un peu d'irritation se manifeste sur les
paupières à cause de la suture des bords de la plaie,
dans ces cas on aura recours à des applications de
compresses d'eau froide et à des émissions sanguines
générales. Ces précautions sont indispensables avant
d'employer l'excision des vaisseaux variqueux et la
cautérisation : les topiques astringents serviront à
compléter la guérison. Parmi ces topiques, il faut
donner la préférence au nitrate d'argent fondu que
nous employons dans ces cas toujours sous forme
de pommade, il convient toutefois de ne se servir
de cet agent thérapeutique qu'avec beaucoup de
précaution; sans doute, il n'y a pas de médicament

qui ait rendu de si grands services au traitement
des maladies des yeux que le nitrate d'argent fondu,
surtout lorsqu'il s'agit d'ophthalmies purulentes ou
de végétations et d'exulcérations conjonctivales;
mais comme on a exagéré son usage en l'employant
depuis la simple irritation oculo-palpébrale jusqu'aux conjonctivites et aux kératites les plus intenses, il en est résulté ou des accidents graves ou
un traitement inutile, ainsi qu'on peut s'en convaincre en lisant les recherches récentes de M. Des-
marres.

Ectropion. — L'ectropion, ou renversement des
paupières en dehors, est en Afrique moins fréquent
que l'entropion; il s'en présente cependant plusieurs
cas, et parmi les observations que nous avons re-
cueillies, nous pouvons citer un chef arabe de la
tribu des Mauyaca, qui nous a été adressé par M. le
maréchal-gouverneur Bugeaud.

§ II.

TRICHIASIS.

Le trichiasis est le renversement des cils vers le
globe de l'œil. Ce que nous venons de dire pour
l'entropion peut aussi s'appliquer au trichiasis;
car, il n'existe pas d'entropion sans trichiasis, tandis que cette dernière maladie se rencontre souvent sans que la paupière soit retournée en dedans.

Comme l'entropion, le trichiasis est très fréquent en Afrique; on peut l'attribuer aux mêmes
causes : les cils, chez les indigènes, étant plus longs,
plus fournis et plus épais, leur déviation doit-être
plus facile; ajoutons à ces causes la contraction
des paupières afin de préserver le globe de l'œil
du contact des rayons lumineux très intenses; cette
contraction habituelle rétrécit à la longue la fissure palpébrale, et finit par donner aux cils une
direction vicieuse. On a remarqué, en effet, que le
trichiasis était également très fréquent chez la race
Mongole, et parmi les peuples qui ont une fissure
palpébrale très étroite. Enfin, l'ulcération des tarses,
la psorophthalmie et la teigne palpébrale si communes, surtout parmi les juifs, doivent contribuer
à la production du trichiasis en Afrique.

Quelques auteurs (Beer, Hops, Quadri, etc.)
ont admis l'existence anormale de plusieurs rangées de cils qu'on a désignées sous le nom de *distichiasis* et *tristichiasis*. A l'exemple de Scarpa et
de Boyer, nous nions l'existence de ces deux dernières variétés de maladie; car si elles existaient
réellement, nulle part elles n'auraient été plus fréquentes que chez des peuples abondamment pour-
vus de cils et en proie à des ophthalmies rebelles.
Or, en Afrique, parmi le grand nombre de personnes affectées de trichiasis, nous n'avons jamais
observé le distichiasis et le tristichiasis. Ce qui a
été pris par les auteurs pour l'existence de plusieurs

rangées de cils, n'est autre chose que la déviation anormale et l'éparpillement de la rangée primitive des cils.

Les symptômes consécutifs produits par le trichiasis sont moins graves que ceux occasionnés par l'entropion; toutefois, le trichiasis négligé peut produire des kérato-conjonctivites chroniques et et incurables, et quelquefois le pannus, l'ulcération, la perforation de la cornée et la perte de l'œil; quant aux souffrances des malades, elles sont souvent plus fortes et plus insupportables que dans l'entropion. « Rien n'est exagéré, dit M. Carron du Villards, dans la description des funestes conséquences du contact des poils avec l'œil; les malades ont une existence déplorable, rien ne le prouve mieux que les efforts qu'ils font pour obtenir une guérison, et la constance et la fermeté avec laquelle ils supportent les opérations les plus douloureuses. Les souffrances produites par le trichiasis sont telles qu'au rapport de Guthrie, une personne ayant reconnu la cause de son mal, se retrancha elle-même le bord des paupières. »

Traitement. — Le trichiasis simple et partiel, entretenu par les blépharites chroniques ou par des granulations de la conjonctive palpébrale, se guérit facilement à l'aide de pommades astringentes et de cautérisations avec le nitrate d'argent; mais lorsque la déviation et l'introversion des cils dépendent de l'ulcération ou du ramolissement des

bords des paupières, ou de l'incurvation du tarse, les
moyens chirurgicaux sont indispensables, et encore
ces moyens sont-ils moins sûrs et moins faciles que
pour l'opération de l'entropion. Le traitement chirurgical du trichiasis consiste à détruire complètement les cils ou à les rétablir dans leur direction
normale ; plusieurs méthodes ont été proposées à
cet égard; les plus rationnelles sont celles qui consistent : 1° à disséquer le bord palpébral jusqu'aux
bulbes, et à l'aide de petites pinces saisir chacun
des bulbes des cils déviés et les exciser avec des
ciseaux ou le bistouri (méthode de Vacca); 2° à
cautériser les bulbes des cils en y enfonçant une aiguille rougie au blanc; ce procédé, proposé par
Celse et modifié par M. Chapesme et par M. Carron du Villards, est plus sûr que le premier; il a
en outre l'avantage de ne pas occasionner la moindre
difformité à la paupière ; nous l'avons mis plusieurs
fois en usage avec succès. Si malgré la destruction
des bulbes des cils, la paupière, ce qui arrive
quelquefois, se roule dans l'œil, il faut recourir à
l'excision partielle ou générale d'après la méthode
arabe, comme pour l'opération de l'entropion.
Quant à l'excision du bord palpébral, proposée
par Schréger, et recommandée dans ces derniers
temps par M. Gerdy, nous pensons qu'il ne faut
l'employer qu'en dernière ressource lorsque les
autres procédés ont échoué et que la vue des malades est compromise.

Toutes les fois que le trichiasis résulte de l'incurvation du tarse, on peut employer avec avantage le procédé de M. Alessi (1), qui consiste à faire une incision transversale à la peau du tarse, à disséquer le bord supérieur de ce cartilage, et à diviser la conjonctive palpébrale; l'opération se termine par l'excision d'un lambeau de la peau des paupières et par la suture des bords de la plaie comme dans l'opération de l'entropion; on comprend facilement que par ce procédé le tarse se redresse et le bord de la paupière et les cils se trouvent en dehors et en haut. Nous avons employé trois fois ce procédé; deux fois l'opération a été suivie d'heureux résultats; dans le troisième cas, il y eut une cicatrisation et un racourcissement légèrement difforme de la paupière, mais la kérato-conjonctivite chronique, qui était entretenue par la présence des cils dans l'œil, a été complètement guérie. Quoiqu'il en soit, ce procédé nous paraît très rationnel, et il doit, malgré la difficulté de son manuel opératoire, être préféré à celui de Schréger, car en pratiquant l'opération de M. Alessi on conserve les cils, tout en détruisant la cause permanente de l'irritation de l'œil.

On voit par ce que nous venons de dire sur le traitement et l'étiologie de l'entropion et du trichiasis, qu'en choisissant les procédés opé-

_____

(1) Sulle malattie degli occhi, — Napoli 1843.

ratoires , il est facile de guérir radicalement deux affections qui compromettent plus ou moins gravement l'organe de la vue. On ne peut se défendre d'un sentiment de tristesse, en voyant en Algérie, une foule de malheureux affectés de ces maladies, être destinés à devenir complétement aveugles, parce qu'on n'a pas fait en temps opportun, une opération que nous considérons comme la plus simple et la plus sûre de toutes celles qui se pratiquent sur l'œil et ses annexes. Nous faisons des vœux ardents pour que nos remarques soient prises en considération , et nous les adressons particulièrement au zèle et à la philanthropie des chirurgiens de l'armée d'Afrique.

§ III.

SYMBLÉPHARON.

Un des résultats consécutifs les plus graves occasionnés par l'entropion et le trichiasis, est le *symblépharon* ou adhérence des paupières au globe de l'œil ; cette maladie semble être le partage des pays chauds, car nous ne l'avons vue très fréquente , qu'en Afrique et en Sicile.

Le symblépharon est produit par les conjonctivites chroniques, par les ophthalmies catarrho-purulentes et par toutes les causes que nous avons énumérées en parlant de l'entropion et du trichia-

sis. Dans le symblépharon, l'œil reste entre-ouvert,
le mouvement des paupières est aboli, la surface
interne de ces voiles mobiles est adhérente à l'œil
par une lymphe plastique qui finit par s'organiser et former des filaments. Le segment de la cornée qu'on aperçoit à travers la faible ouverture
des paupières est terne, épaissi, coriacé et couvert
d'une pseudo-membrane cellulo-fibreuse; le globe
exposé à l'air, n'étant plus lubrifié ni par la muqueuse, ni par les larmes, se trouve dans un état
de sécheresse complète. Le plus souvent les deux
yeux sont pris à la fois ; les malheureux affectés de
cette maladie distinguent à peine le jour de la nuit,
et cependant l'appareil nerveux et les milieux de
l'œil, sont dans leur intégrité de composition; lorsque le symblépharon est complet , les malades ne
se plaignent d'aucune douleur.

Traitement. — Le traitement consiste à faire des
incisions entre les paupières et le globe, pour détacher les brides et séparer la conjonctive palpébrale du bulbe. Au lieu de se borner à un simple
débridement, il faut exciser toute la conjonctive
scléroticale qui était le siége des adhérences, c'est
une condition indispensable pour le succès de l'o-
pération. Quant aux fausses membranes qui couvrent la cornée, une partie se mortifie par le fait
seul de l'opération; les couches les plus profondes
seront détruites par l'abrasion quelque temps après
l'opération du symblépharon.

Afin d'empêcher la réunion des paupières au bulbe, nous avons l'habitude d'interposer entre le globe de l'œil et les paupières une petite coque en verre, en ivoire ou en émail enduite d'huile d'olives, placée comme un œil artificiel; de cette manière on obtient plus facilement la cicatrisation régulière des surfaces, et une nouvelle adhérence devient impossible. Après l'opération, on aura soin d'appliquer sur les paupières des compresses imbibées d'eau froide.

Ce procédé, que nous avons décrit il y a cinq ans, dans notre *Traité d'ophthalmologie*, nous paraît préférable à celui de M. Ammon, qui veut que l'on enlève un limbe de la paupière et qu'on l'abandonne sur le bulbe en réunissant la solution de continuité avec la suture entortillée. Quand celle-ci est cicatrisée, on dissèque le petit lambeau que l'on avait abandonné sur le globe, et l'on obtient ainsi une guérison exempte de récidive.

Comme on le voit dans le procédé de M. Ammon, il faut faire une opération en deux temps, plus ou moins éloignés l'un de l'autre; il en résulte une mutilation notable de la paupière et une douleur très forte, inconvénients que l'on peut éviter par notre procédé.

Lorsque l'inflammation aura cessé, il faut essayer de cautériser à plusieurs reprises les pseudo-membranes qui couvrent la cornée, pour tâcher d'éclaircir quelques points de sa surface et prati-

quer plus tard, si l'éclaircissement n'est pas dans
le centre, une pupille artificielle.

§ IV.

STRABISME.

On a tant écrit dans ces derniers temps sur le
strabisme, que j'hésiterais à tracer encore quelques lignes sur cette maladie, si je n'étais pas conduit à résumer ici le résultat de mes observations
sur la prétendue influence du climat et des habitudes africaines dans la production de cette difformité de l'œil.

« Le strabisme, disent quelques auteurs, est
endémique dans les Indes...... l'habitude de fron-
cer le sourcil fait dévier les yeux; cette forme de
strabisme est très prononcée dans la race malaise
et chez les populations juives de l'Afrique, etc.,
etc. » (1) Cette assertion peut être vraie pour ce
qui a rapport aux Indes, mais quant aux populations juives de l'Afrique septentrionale, nous n'en
avons pas reconnu l'exactitude.

Chez les juifs, ainsi que chez les différents peuples qui habitent le nord de l'Afrique, on rencontre, il est vrai, quelques cas de strabisme qui
résultent d'ophthalmies chroniques, d'affections

(1) Carron du Villards, *Guide pratique pour l'étude et le traitement de*
maladies des yeux. Paris, 1838.

cérébrales, de taches sur la cornée, etc., mais ces cas sont peut être moins communs qu'en Europe, car les causes nombreuses, qui dans nos contrées produisent souvent la direction vicieuse de l'œil pendant le premier âge, n'existent pas en Afrique, surtout chez les Arabes de l'intérieur. Il n'en est pas de même parmi quelques tribus nomades de l'Afrique australe, tels que les Boschimans et les Cafres. Les yeux petits et enfoncés dans l'orbite, et la mauvaise direction des axes visuels, donnent à la physionomie de ces peuples l'expression de la ruse; et, s'il faut s'en rapporter à quelques dessins donnés par des voyageurs chez les Cafres kosah, un grand nombre d'individus seraient habituellement louches. (1)

Traitement. — Depuis l'application de la téno-tomie au traitement du strabisme, les appareils et les moyens mécaniques mis en usage par les anciens, sont presque entièrement tombés en désué-tude. Il y a peu de questions chirurgicales qui aient été le sujet de controverses si animées et qui aient si vivement occupé l'attention publique que l'opération du strabisme; pendant une année, les sociétés savantes, la presse scientifique et littéraire, ont retenti de cette découverte. Prônée par les uns avec trop d'enthousiasme comme une opération toujours suivie de succès, rejetée par les autres

(1) Voyez dans l'ouvrage de M. Prichard, (*Histoire naturelle de l'homme*) le portrait d'un Cafre kosah, dessiné dans le pays par M. Daniels.

avec beaucoup de mauvaise foi comme inutile ou
même dangereuse , la strabotomie ne restera pas
moins dans la science; et le premier corps savant
de l'Europe en accordant une récompense à son
inventeur, a sanctionné définitivement une des
plus belles conquêtes de la chirurgie moderne.

Ayant pratiqué la strabotomie six cents fois environ à Paris, dans les départements de la Côte-d'Or,
du Doubs, du Jura, des Bouches-du-Rhône , à Naples et en Sicile, qu'il nous soit permis d'apporter
ici notre faible contingent d'expérience, en appréciant d'une manière impartiale les impressions
défavorables des détracteurs de cette découverte,
et l'engouement exagéré de ses partisans. Ne voulant pas longuement discuter sur une chose jugée,
nous allons résumer en quelques faits bien consta-
tés et en un certain nombre de notions purement
pratiques, les avantages et les inconvénients de la
strabotomie.

Les recherches qu'on a faites pour trouver quelques notions sur l'opération du strabisme chez les
anciens, ont été jusqu'à présent sans résultat. Malgré les tentatives infructueuses faites par Taylor et
Lecat, (1738 et 1745), pour guérir le strabisme à
l'aide de l'excision de la conjonctive , le véritable
droit de priorité de la myotomie oculaire , appartient à M. Stromeyer, qui en démontra les préceptes sur le cadavre en 1838. MM. Dieffenbach et
Florent Cunier ont pratiqué presque en même

temps (26 et 29 octobre 1839), cette opération sur
le vivant, à Berlin et à Bruxelles (1). Depuis lors,
chaque chirurgien a voulu avoir son procédé, mais
il faut convenir qu'excepté la méthode sous-conjonctivale dont nous parlerons plus bas, toutes les
nouvelles modifications n'ont presque rien ajouté
à l'opération proposée par M. Stromeyer. On sait
que le procédé du chirurgien de Hanôvre, consiste
à écarter les paupières, à inciser la conjonctive et
à couper à l'aide d'un couteau à cataracte ou d'un
ciseau courbe sur le plat, un ou plusieurs muscles,
selon le degré de la déviation du globe de l'œil.
L'extrême facilité d'exécution de ce procédé, l'innocuité parfaite de son emploi malgré l'excessive
délicatesse de l'organe qui est le siége de la difformité, ont fait, avec raison, considérer cette opération comme une des plus simples de la chirurgie.

Les cas de récidive qui eurent lieu après les
premiers essais de l'opération du strabisme, firent
croire que les deux bouts du muscle coupé, pouvaient se souder et reproduire la déviation du globe. De là, le conseil donné par M. Phillips, d'exciser la portion du muscle qui restait sur la sclé-

_____

(1) Les médecins italiens revendiquent pour M. Baschieri de Bologne la
priorité des principes théoriques de la ténotomie oculaire, (alcune parole
sulla operazione dello strabismo — di Leonardo Dorotea. — Esculapio
Napolitano, septembre 1841.) Les chirurgiens Anglais, attribuent à Wite
la première opération de strabisme (London, médical Gaz., septembre
1840).

rotique. Ce précepte n'a pas été généralement
adopté, car l'expérience a prouvé que la réunion
des extrémités du muscle coupé n'était pas la seule
cause de la récidive.

Une foule d'instruments ont été proposés afin
de saisir et disséquer le muscle, l'aponévrose oculaire et les différentes brides qui les attachent au
globe de l'œil ; les érignes simples ou doubles dont
on se servait au commencement ont été remplacées
par des pinces ordinaires ou par des pinces à pression continue, et montées sur un manche. Au lieu
de couper le muscle avec un couteau à cataracte,
on s'est servi de la lame boutonnée d'un ciseau
ophthalmique, d'un bistouri conducteur, ou d'un
myotome à forme de faux, qui accroche le muscle
et l'incise. D'autres enfin saisissant en même temps
la conjonctive et le muscle, les coupent d'un seul
coup avec des ciseaux droits. Quant aux lambeaux
de la conjonctive, il y a des chirurgiens qui les ex-
cisent complétement, d'autres, au contraire, les
abandonnent à l'élimination naturelle.

Pour tenir les paupières ouvertes pendant l'opération, on se servait d'abord de l'instrument de
Pellier, c'est à dire d'un élévateur pour la paupière supérieure et d'un abaisseur pour la paupière
inférieure ; outre que cette manière d'agir avait le
double inconvénient de nécessiter la présence de
deux aides, il était difficile d'écarter convenablement les paupières et de les rendre immobiles

pendant l'opération ; aussi dans ces derniers temps
on a adopté presque généralement un écarte-pau-
pière à ressort, (ophthalmostat ou blépharostat),
qu'on applique dans les paupières, et qui a l'avantage de rester dans l'œil sans le secours des aides,
et tient les paupières ouvertes et immobiles jusqu'à ce qu'on ait terminé l'opération. La modification apportée à cet instrument constitue un
véritable progrès, non seulement pour la ténotomie oculaire, mais aussi pour l'exécution plus sûre
et plus facile de toutes les opérations qui se pratiquent sur l'organe visuel.

Disons quelques mots sur la question de priorité dans l'invention de cet instrument. Dans les
premières opérations de strabisme que nous avons
pratiquées à Paris, le 15 février 1841, en présence
de MM. les docteurs Labarraque, Mathieu, Bour-
jot-St-Hilaire, etc., au lieu de l'instrument de
Pellier, nous nous sommes servis d'un ophthalmostat à ressort, composé de deux branches en
fil de fer, portant à leur extrémité deux demi-cuvettes polies et concaves, qui s'adaptent parfaitement à la disposition anatomique du globe de l'œil
et des paupières. (1) Le 28 février, nous avons don-

(1) Voulant faire servir l'ophthalmostat à toutes les opérations qui se
pratiquent sur l'œil, j'ai fait subir à mon premier instrument une modification qui consiste à laisser sur les branches, entre le ressort et les demi-
cuvettes, une concavité qui pût s'adap· ·à la racine du nez ; de cette manière au lieu de placer l'ophthalmostat à l'angle externe de l'œil, on l'introduit de dedans en dehors, de sorte que ses branches s'appliquent sur

né dans le journal l'*Esculape* , la description détaillée de cet instrument, mais quel ne fut pas notre étonnement lorsque, quelques jours après, M. Kelley Snawden vint à publier dans la *Gazette des hôpitaux* une réclamation dans laquelle il se disait l'inventeur d'un blépharostat, qui différait du nôtre en ce que au lieu de se terminer par deux demi-cuvettes, il portait à l'extrémité de ses branches deux demi-cercles en fil de fer comme l'élévateur de Pellier ; l'auteur a cru en outre modifier notre instrument en l'appelant *bléphareirgon* au lieu d'*ophthalmostat;* ces faits sont faciles à vérifier, c'est au public médical à prononcer. Bornons-nous à dire que, si la priorité dans les sciences se rapporte à l'application, nous avions mis publiquement en usage le blépharostat longtemps avant que M. Kelley-Snawden eut fait ses essais dans la clinique de M. Velpeau; si au contraire la priorité consiste dans la publicité, nous avons inséré la description de l'instrument dans le journal l'*Esculape* avant que M. Kelley-Snawden en ait parlé dans la *Gazette des Hopitaux.*

Revenons à la strabotomie par la méthode de dissection. Le plus grand inconvénient de l'opération du strabisme par dissection consiste dans

la racine du nez et sur l'angle interne de l'œil opposé ; en agissant ainsi, la tempe et la commissure externe des paupières se trouvant libres, le chirurgien peut plus facilement faire manœuvrer ses instruments lorsqu'il opère la cataracte ou la pupille artificielle.

l'exophthalmie ou proéminence plus ou moins prononcée du globe. Ce résultat, ainsi que le peu de
mobilité de l'œil dans le sens de l'ancienne difformité, donne à cet organe un aspect hébété et sans
expression, ce qui est quelquefois plus désagréable
que la difformité qu'on a voulu corriger; c'est aussi,
à notre avis, ce qui a jeté le plus de défaveur sur
cette opération. La proéminence de l'œil, après la
strabotomie, a lieu, parce que le globe n'étant plus
retenu dans ses rapports naturels, ni par la conjonctive qu'on débride plus ou moins largement,
ni par le muscle droit qu'on vient d'inciser, il s'en
suit que les muscles obliques, en se rétractant,
tendent à projeter le globe en avant. Les tiraille-
ments qu'ont fait subir à l'œil, pour débrider le
muscle et les nouveaux tissus qui se forment en
arrière et latéralement entre l'orbite et le globe,
poussent celui-ci en avant et produisent le fâcheux
résultat dont nous venons de parler.

Enfin, l'excavation qui reste dans l'angle de l'œil
par suite de l'excision de la conjonctive, et quelquefois même de la caroncule contribuent à faire paraître plus évidente la proéminence de cet organe.
MM. Jules Guérin, Florent Cunier et Baudens ont
proposé des moyens très-ingénieux pour corriger
l'exophthalmie chez les individus qui ont déjà subi
l'opération par les anciens procédés; quant aux
nouveaux cas d'opérations, nous verrons plus tard
que la science possède des moyens à l'aide desquels

on pourra prévenir l'accident dont nous venons
de parler, ou du moins le rendre moins fréquent.

La strabotomie *sous-conjonctivale* appartient à
M. Jules Guérin; elle s'exécute de la manière suivante. L'individu qui doit subir l'opération étant
couché horizontalement et la tête fixée, les paupières étant maintenues écartées et le globe oculaire attiré en avant un peu sur le côté au moyen
d'une érigne, on enfonce perpendiculairement
dans l'angle interne ou externe de l'œil, suivant le
muscle à diviser, et sur le côté de ce dernier, un
petit instrument convexe sur le tranchant, et dou-
blement coudé sur la tige. La lame de l'instrument
ayant pénétré dans toute sa longueur (15 millimètres environ), on la relève horizontalement en la
faisant glisser entre le globe oculaire et la face correspondante du muscle. Dans un troisième temps
on présente le tranchant convexe de l'instrument
à la face interne du muscle, et on divise celui-ci
de dedans en dehors, c'est-à-dire du globe oculu-
laire à la paroi de l'orbite. Le globe oculaire étant
attiré en avant et un peu sur le côté, c'est-à-dire
dans la direction même du muscle à diviser, produit la tension de ce dernier, et facilite l'action de
l'instrument tranchant. La section s'annonce par
un bruit de craquement et le sentiment d'une résistance vaincue. L'instrument est retiré par l'ouverture d'entrée; la plaie extérieure est tellement

petite, qu'au bout de quelques jours, on aperçoit
à peine les traces de l'opération.

L'excessive simplicité de l'opération proposée
par Stromeyer, devait beaucoup contribuer à faire
déprécier la méthode sous-conjonctivale. Aussi,
tous ceux qui ont jugé cette méthode sans un examen sérieux et sans la mettre en pratique, l'ont
qualifiée du nom de *strabotomie dans l'ombre*. Sans
doute, l'opération de M. Guérin est très-hardie,
difficile à exécuter, et il faut une parfaite connaissance des aponévroses et des gaînes tendineuses
de l'œil, une main expérimentée et un grand exercice sur le cadavre, avant de se risquer à l'appliquer sur le vivant. Mais la difficulté d'une méthode
ne doit jamais effrayer un chirurgien, surtout lorsque les résultats offrent des avantages réels. L'exophthalmie, l'immobilité de l'œil opéré, et les bourgeonnements charnus de la plaie, suites inévita-
bles de la méthode par dissection, ne sont pas à
craindre par la strabotomie sous-conjonctivale.
Lorsque M. Guérin proposa sa méthode, j'ai été le
premier, à Paris, à la mettre en usage dans le
mois de février 1841, en présence de M. Guérin
lui-même, et assisté de M. Brochin. Pour mieux
établir des points de comparaison, j'ai pratiqué
l'opération sur le nommé Auguste, cocher de ca-
briolet, demeurant rue des Petits-Accacias, 5, affecté de strabisme convergent aux deux yeux.
Quinze jours auparavant, j'avais déjà opéré l'œil

gauche de ce malade par la méthode de dissection. Après avoir subi les deux opérations, Auguste a été présenté à l'Académie de Médecine : il avait les axes visuels parfaitement droits, mais les mouvements de l'œil opéré par la strabotomie sous-conjonctivale étaient à l'état normal et comme si l'individu n'avait jamais été louche, tandis que dans l'œil primitivement opéré, les mouvements d'abduction n'avaient pas toute leur étendue normale. Nous persistons à croire qu'on a eu tort de ne pas vulgariser cette méthode; et pour ce qui nous regarde personnellement, nous regrettons de ne pas l'avoir adoptée d'une manière générale dans les nombreuses opérations que nous avons eu occasion de pratiquer.

M. Lucien Boyer a proposé dans ces derniers temps un procédé qui est une espèce de juste-milieu entre la méthode de dissection et la méthode sous-conjonctivale. Au lieu de faire une incision verticale à la conjonctive, ce chirurgien pratique avec des ciseaux mousses, une incision horizontale qui s'étend de la cornée vers la paroi interne de l'orbite, parallèlement au bord supérieur, mais un peu au-dessus du muscle, en ayant soin de tenir l'extrémité interne de l'incision toujours éloignée de la caroncule lacrymale et de respecter, autant que possible, le repli semi-lunaire de la conjonctive. On comprend facilement que, par la section horizontale de la conjonctive, les lèvres de la plaie

horizontale légèrement écartées, permettent de
saisir avec une pince la couche aponévrotique sous-
conjonctivale, et de lui faire une petite ouverture
par laquelle le crochet mousse est introduit ; cet
instrument, glissé à la surface de la sclérotique,
passe sous le muscle, saisit son bord inférieur et
le ramène entre les lèvres de la plaie des téguments, où on le coupe avec des ciseaux. Le muscle
coupé se retracte, les lèvres de l'incision conjonctivale se rapprochent, et l'opération se termine en
ne laissant qu'une incision horizontale cachée sous
la paupière supérieure. On conçoit facilement que
par la section horizontale de la conjonctive, on
laisse au globe de l'œil ses rapports naturels avec
les parois de l'orbite, et par conséquent, l'excavation dans l'angle et l'exophthalmie sont moins fréquentes. Enfin, le strabisme en sens inverse qui
est quelquefois la suite de la dissection verticale,
doit être plus rare dans la section horizontale,
parce que la conjonctive qui reste entre la cornée
et la caroncule, sert après l'opération à retenir le
globe dans le centre, et empêche la divergence.

Dans les cas simples, lorsque la déviation est
peu prononcée, ce procédé est très-avantageux, et
il doit être préféré à la dissection ordinaire ; mais
lorsque les axes sont tellement déviés, que les
trois quarts de la cornée se trouvent cachés dans
l'angle de l'œil, ce procédé ne nous paraît pas indiqué, car dans ces cas, la section de deux et même

de trois muscles, et un grand débridement des
aponévroses sont indispensables ; or, de deux
choses l'une, ou on est forcé d'aller chercher ces
muscles et ces aponévroses dans l'ombre, et alors
on tombe dans les inconvénients qu'on a repro-
chés à la méthode sous-conjonctivale, ou bien on
est forcé, pour débrider les aponévroses et aller
chercher les muscles voisins, d'agrandir en haut
et en bas l'incision primitive, et alors les avantages
de l'incision horizontale disparaissent, et on se
trouve avoir pratiqué purement et simplement la
méthode de dissection, suivie nécessairement des
inconvénients qui lui sont propres. On sait, en
outre, que la section de la conjonctive, en haut et
en bas, facilite quelquefois le redressement de l'œil.

Ceux qui ont pratiqué un grand nombre d'o-
pérations de strabisme par dissection, ont pu
se convaincre que dans quelques cas, malgré la
section du muscle droit, l'œil reste louche, et qu'il
suffit d'élargir légèrement, en haut ou en bas,
l'incision de la conjonctive pour ramener l'œil dans
sa rectitude normale. Cette précaution dispense
de couper un muscle de plus, ce qui produit souvent un strabisme en sens inverse. Nous dirons
même plus ; dans quelques cas, malgré la section
de deux muscles, la déviation persiste, et il suffit
de dilater l'ouverture de la conjonctive ou d'exciser les lambeaux de la plaie pour avoir un résultat
définitif. On voit, par ce que nous venons de dire,

qu'il reste encore beaucoup à faire pour avoir un procédé de strabotomie sans reproche et exempt des plus grands inconvénients qui suivent cette opération, c'est-à-dire l'exophthalmie et la perte des mouvements de latéralité de l'œil opéré. Comme dans la méthode sous-conjonctivale, le procédé horizontal de M. Boyer occasionne des ecchymoses plus ou moins étendues de la conjonctive et des paupières ; mais cet accident n'a pas de suites fâcheuses, il disparaît au bout de quelques jours.

Les bourgeonnements et les fongosités granuleuses qui, dans la méthode de dissection, accompagnent la cicatrisation de la plaie de la conjonctive, gênent et impatientent les malades après l'opération ; mais ce petit inconvénient n'est pas non plus de longue durée. Dans les premiers temps de l'opération du strabisme, on a proposé d'exciser ces fongosités et de les cautériser à l'aide du nitrate d'argent fondu ; mais l'expérience nous a prouvé qu'il était plus convenable de ne pas les exciser, car la nature se charge du travail d'élimination. En effet, une quinzaine de jours après l'opération, ces bourgeonnements commencent à s'aplatir en prenant une forme lenticulaire, et le petit pédoncule presque filamenteux qui les retient à la cicatrice, finit par se détacher par le frottement continuel des surfaces palpébrales contre le globe de l'œil. Nous avons vu souvent des opérés se débarrasser de ce corps étranger, sans même

s'en apercevoir, lorsqu'ils s'essuyaient les yeux
après s'être lavé la figure. Cette observation mérite
d'autant plus de fixer l'attention des praticiens,
que la plupart des malades se refusent à l'excision
et aux cautérisations répétées, qu'ils considèrent
comme de nouvelles opérations.

Un dernier inconvénient de la strabotomie, c'est
la diplopie ou vue double, qui résulte du redressement insuffisant ou exagéré des axes visuels. Ordinairement ce vice de la vision disparaît graduellement aussitôt que les parties du muscle ont formé
leur adhérence sur la sclérotique; mais dans quelques cas, rares il est vrai, la diplopie est opiniâtre,
et alors il est indispensable de ramener l'œil dévié
à sa rectitude normale à l'aide d'une opération.
Chez quelques-uns de nos opérés, nous avons réussi
à guérir la diplopie avec des lunettes opaques ayant
un trou dans le centre, mais ce moyen est souvent
inefficace.

Faut-il opérer les deux yeux dans *tous les cas?*
Toutes les fois que la déviation est peu prononcée,
et d'un seul œil, une seule opération suffit; mais
lorsque le strabisme existe aux deux yeux, deux
opérations sont indispensables; il en est de même
du strabisme très prononcé d'un seul œil; dans ce
cas il faut partager l'opération entre les deux yeux,
afin d'obtenir un parallélisme complet des axes visuels : MM. Guérin, Bonnet, Elliot, L. Boyer, etc.,
sont de cet avis. Ce dernier chirurgien formule

très judicieusement en quelques lignes, les avantages de cette manière d'agir ; l'augmentation de
volume, dit-il, de l'œil strabique après l'opération
est très légère, et de plus l'autre œil éprouvant une
modification analogue, leur similitude se trouve ré-
tablie par la seconde opération, en même temps
que leur parallélisme est complété. La perte de
mobilité, suite de l'opération, au lieu de porter tout entière sur un œil, se partage également entre les deux, et dès lors ne devient per-
ceptible que dans les mouvements forcés de latéralité, tandis que si l'on n'eût opéré qu'un œil il eût
suffi d'une légère inclinaison du regard dans le sens
de la déviation pour que l'axe visuel de l'œil opéré
se trouvât dans l'impossibilité de suivre les mouvements de l'œil sain. Ajoutez à cela que le danger
de la divergence consécutive se trouve complètement évité, puisque l'on n'opère le second œil qu'autant qu'il reste une déviation suffisante pour jus-
tifier cette seconde opération et qu'on ne la pratique
qu'avec le soin de mesurer son étendue sur l'intensité de la déviation qui persiste après la première.

Si, après avoir fait la section du muscle rétracté,
l'œil a quelque tendance à se porter dans le sens
de l'ancienne difformité, au lieu de continuer à débrider l'aponévrose conjonctivale ou de faire la
section d'autres muscles, il est plus convenable,
dans le strabisme convergent surtout, d'appliquer

un moyen mécanique pour retenir l'œil dans son
axe; en agissant ainsi, on évite l'exophthalmie et
la déviation en sens inverse, qui pourraient résulter
d'un grand débridement conjonctival ou de la section de plusieurs muscles. Nous employons dans
ces cas un moyen auxiliaire très simple, qui consiste à introduire dans la plaie de l'angle de l'œil,
à l'aide d'une pince, un petit morceau d'éponge
très fine. L'éponge, en se dilatant, écarte graduellement le globe et le retient dans le centre. On
ferme les paupières et on panse l'œil avec des compresses trempées dans l'eau froide. Au bout de six
ou huit heures, on examine l'œil et on retire l'é-
ponge; si le globe n'offre pas un redressement sa-
tisfaisant, on remet une seconde fois l'éponge,
après avoir lavé l'œil avec de l'eau tiède et émol-
liente; la nouvelle éponge ne doit jamais rester
dans la plaie au delà de quatre heures, et si l'opéré
ne peut pas supporter la présence de ce corps
étranger, on s'empressera de le tirer plus tôt. Ce
moyen entretient dans la plaie une certaine quantité de lymphe plastique qui bouche momentanément le creux formé dans l'angle, et s'oppose à ce
que l'œil se porte dans le sens de l'ancienne difformité; il a également l'avantage de retarder la
consolidation du muscle coupé et de l'empêcher
de se souder trop en avant sur la sclérotique. Le
volume de l'éponge doit être proportionné à l'âge
de l'opéré et au degré d'écartement qu'on veut ob-

tenir. Une éponge trop volumineuse pourrait contribuer à augmenter l'exophthalmie. Personne que
nous sachions ne s'était servi avant nous de ce
moyen, pour retenir l'œil dans sa rectitude normale et pour empêcher le retour de la difformité;
les moyens auxiliaires qu'on avait employés au
commencement de l'opération, tout rationnels et
ingénieux qu'ils étaient, ne remplissaient pas le
but qu'on se proposait; nous voulons parler de la
pratique de M. Dieffenbach, adoptée par MM. Phillips et Velpeau, qui consiste en une traction permanente exercée sur l'œil au moyen d'un fil passé
dans la conjonctive ou dans l'extrémité du muscle
coupé, et fixé du côté de l'oreille ou sur la coiffure
du malade. Le plus grand inconvénient de ce moyen,
c'est qu'il faut laisser le fil en permanence pendant
plusieurs jours; or, dans beaucoup de cas, la portion de la conjonctive saisie par le fil, se mortifie
et se déchire par le tiraillement; nous ne parlons
pas du chémosis qui se forme autour de la cornée,
parce que ce petit accident n'est pas de longue
durée et n'entraîne jamais de suites fâcheuses. Nous
avons employé plusieurs fois ce moyen sans résultat, entre autres sur un capitaine du 6ᵉ d'artillerie,
et en présence du chirurgien-major du régiment,
M. Vanheddeghen. Il s'agissait d'un strabisme convergent, résultat d'une cause traumatique; le malade était affecté de vue double. Malgré la section
de trois muscles et un grand débridement de la

11

conjonctive, l'œil a conservé sa direction vicieuse ;
la plaie de l'angle étant très étendue, nous n'avons
pas osé introduire un morceau d'éponge, de crainte
de provoquer une conjonctivite purulente, et nous
nous sommes empressé d'employer le moyen de
M. Dieffenbach ; la conjonctivite qui restait à la
circonférence de la cornée fut saisie avec un fil dont
l'extrémité libre a été fixée à un bandage que nous
avions appliqué autour de la tête ; dès que l'œil a
été ramené dans le centre de l'ouverture palpébrale,
la diplopie disparut ; mais le lendemain la conjonctive s'est déchirée et l'œil a repris sa convergence.
Tel était le désir du malade, de se débarrasser de la
mauvaise direction de l'axe visuel, et surtout de
la diplopie qu'il m'a forcé à répéter la même manœuvre ; la conjonctive offrait peu de prise ; j'ai saisi
avec précaution les fragments de cette membrane ;
j'ai fait le moins de traction possible pour fixer le fil,
le malade s'est condamné à un repos absolu, mais
pendant la nuit la conjonctive s'est déchirée une
seconde fois et sans ressource, car la sclérotique
était complètement dénudée. Quoiqu'il en soit, l'emploi de l'éponge, comme moyen auxiliaire, nous
paraît préférable au fil, car celui-ci ne peut être
employé que dans quelques cas, et il faut en outre
plusieurs jours pour arriver à un résultat, tandis
qu'à l'aide de l'éponge, il suffit de quelques heures
pour fixer convenablement l'œil dans son axe régulier (1). Pour les cas dans lesquels ce dernier

(1) Un chirurgien napolitain, élève de l'école de Paris, M. le docteur

moyen échoue, on n'obtiendra pas d'avantage par
la traction à l'aide du fil, car alors, ou la difform-
mité est incurable ou elle tient à des causes, contre
lesquelles les moyens auxiliaires n'ont aucune puissance.

Toutefois, nous ne rejettons pas d'une manière
absolue l'emploi de la traction imprimée à l'œil à
l'aide d'un fil; nous croyons, comme M. L. Boyer,
qu'employé à la divergence consécutive immédiate,
ce moyen offrirait plus d'efficacité, parce qu'alors
l'anse de fil pourrait saisir à la fois la conjonctive et
l'insertion du muscle droit externe, et qu'agissant sur
des tissus intacts elle courrait moins de risque de
les arracher, et trouverait dans le dos du nez, ainsi
que le fait observer M. Velpeau, un point fixe plus
convenable.

Quelque soin qu'on ait pris pour choisir le procédé opératoire et pour éviter les inconvénients
qui suivent ou accompagnent l'opération du strabisme, on n'a pas atteint complètement son but,
si on n'a pas étudié d'avance la nature du strabisme
et les causes qui ont produit et qui entretiennent
la difformité, c'est à notre avis une condition indispensable de succès dans la strabotomie. Lorsque
cette opération a été introduite dans la chirurgie,
on n'avait pas l'expérience nécessaire pour recon-

Capuano, se loue de ce moyen, qu'il dit avoir employé avec succès dans un
grand nombre d'opérations de strabisme qu'il a pratiquées dans le royaume
de Naples.— *Rifflessioni pratiche sullo strabismo.* — Napoli 1842.

naître les causes qui contre-indiquaient l'opération
et l'on s'est hâté, il faut le reconnaître, de généraliser
cette découverte, sans trop tenir compte ni de l'âge
et des circonstances individuelles des malades, ni
de la nature et des causes de la difformité. Aussi,
une foule d'insuccès qui ont été attribués à la méthode ou à l'opérateur, n'étaient dûs qu'à la contre-
indication de l'opération elle-même. Aujourd'hui,
au contraire, on opère moins souvent, mais, toutes
choses égales d'ailleurs, on a plus de succès. Est-ce
parce que les méthodes opératoires sont perfec-
tionnées? Non certainement; mais on examine les
causes et la nature du mal; on emploie le procédé
qui paraît plus conforme à l'étendue de la difformité; enfin on choisit les malades, c'est-à-dire
qu'on agit par élimination; sur dix louches on en
opère quatre ou cinq, et les succès sont plus fréquents et plus durables.

Voici les cas qui contre-indiquent l'opération du strabisme : 1° les conjonctivites et les
blépharites chroniques; 2° les affections scrofuleuses et syphilitiques de l'œil; 3° les amauroses;
4° le spasme de la paupière supérieure; 5° le tremblement des yeux; 6° la déviation intermittente;
7° chez les enfants les convulsions; 8° chez les femmes l'état de grossesse et les écoulements de différente nature; 9° on doit également s'abstenir d'o-
pérer le strabisme toutes les fois qu'à la suite d'iritis la pupille est déformée trop en dedans ou trop

en dehors; 10° lorsqu'il y a en même temps cataracte et strabisme, il est plus prudent de commencer par opérer la cataracte d'abord, et le strabisme
un mois ou deux après la première opération;
11° dans les cas de taies sur la cornée, il est nécessaire de détruire ou de diminuer ces taies avant de
pratiquer la strabotomie; 12° enfin, l'opération n'est
pas indiquée dans le strabisme divergent accompagné de chute de la paupière supérieure, et de my-
driase; dans ces cas, l'opération n'a jamais d'heureux
résultats, car le strabisme ne provient pas de la re-
traction du muscle, mais de la lésion de la troisième
paire (nerf moteur oculaire commun) qui comme
on sait, se distribue à l'élévateur de la paupière
supérieure aux muscles, droit interne, droit inférieur, droit supérieur, petit oblique et à l'iris. Cette
disposition anatomique explique pourquoi, dans
un grand nombre de cas, cette espèce de strabisme,
qui a lieu ordinairement chez les adultes, se com-
plique de chute de la paupière, de dilatation de la
pupille et de diplopie. Dans le strabisme divergent,
par cause paralytique, on doit essayer un traitement
médical, qui consiste dans les moxas, dans l'usage
intérieur de strychnine ou dans l'application de
cette substance par la méthode endermique.

Les strabismes divergents en général, sont plus
difficiles à guérir que les convergents, et dans le
plus grand nombre des cas la section du seul muscle
droit externe est insuffisante pour donner à l'œil sa

rectitude normale. Les moyens auxiliaires, tels que
la traction du globe en dedans avec les fils, la compression à l'angle externe de l'œil, avec de petits
triangles de charpie, sont ordinairement inutiles;
l'application de l'éponge même dans l'intérieur de
la plaie, d'après notre procédé, ne fait que pousser
provisoirement le globe dans le centre, mais dès
que l'éponge est retirée le globe reprend sa divergence. Le seul moyen de réussite dans ces cas, c'est
de couper le muscle petit oblique, après avoir fait
la section du droit externe, ainsi que le conseille
M. Bonnet, de Lyon; et encore nous pourrions citer
quatre observations dans lesquelles, malgré la section du droit externe, du petit oblique et un large
débridement de l'aponévrose conjonctivale, la déviation en dehors a toujours persisté. Quoiqu'il en
soit, le procédé de M. Bonnet étant très rationnel
et fondé sur les dispositions anatomiques et sur le
mécanisme physiologique des muscles du globe de
l'œil doit être généralement mis en usage lorsque
la section du droit externe a été insuffisante.

Quel est l'âge le plus favorable pour l'opération
du strabisme? L'âge des malades n'est jamais une
contre-indication de la strabotomie; nous avons
opéré avec succès des enfants de dix-huit mois et
des personnes âgées de soixante ans; il est cependant juste de dire que moins les louches sont âgés,
plus les résultats de l'opération sont heureux et
durables, et plus l'œil opéré acquiert de force dans

ses facultés visuelles. Un autre avantage d'opérer les sujets jeunes, c'est que s'il reste quelque lignes de déviation du côté de l'œil qui n'a pas été opéré, par le développement des organes et par l'exercice visuel, les axes des yeux se régularisent et se fortifient, et la difformité disparaît complètement ; il en est de même de l'exophthalmie, suite inévitable de la strabotomie par la méthode de dissection, méthode qui est la seule applicable chez les enfants.

Un avantage incontestable de l'opération du strabisme, c'est que huit fois sur dix la vue de l'œil opéré s'améliore ; nous parlons toujours des opérations qui ont réussi à donner aux axes visuels leur direction normale. On sait que la plupart des yeux louches sont myopes ; or, quelques jours, quelquefois même vingt-quatre heures après l'opération, le malade qui ne pouvait lire qu'à la distance de trois ou quatre pouces, lit facilement au-delà de cinq à six pouces. Nous avons également observé un grand nombre de fois que les malades avant l'opération, ne voyaient que les lignes d'une page sans pouvoir reconnaître les lettres ; huit ou dix jours après l'opération, ces mêmes malades commençaient à reconnaître les lettres sans cependant pouvoir articuler les mots qu'en syllabant, mais au bout d'un mois ils finissaient par lire correctement et en plaçant le livre à la distance au moins de dix pouces. Ces faits sont incontestables et d'une

grande importance dans l'histoire de la strabotomie. Je sais que les détracteurs de cette opération
ont cité quelques cas, dans lesquels les opérés
n'avaient rien gagné sous le rapport visuel; nous
ne nions pas ces faits, mais ils rentrent dans la ca-
tégorie des contre-indications; en effet, la vue des
malades ne pouvait pas s'améliorer, si l'on a
opéré des yeux couverts de taies plus ou moins
étendues; si l'œil louche était affecté d'amblyopie
ou d'amaurose commençante, ou de tremblement
convulsifs; enfin si, avant l'opération, la myopie
était très prononcée, et si elle dépendait d'autres
causes que de la simple déviation des axes visuels.

On explique facilement l'amélioration de la vue
et la disparition de la myopie après l'opération du
strabisme en réfléchissant que dans la plupart des
yeux louches, la pupille est très-dilatée; or, c'est
cette dilatation accidentelle de la pupille qui est
une des causes de la myopie. Nous avons prouvé,
en parlant de la myopie chez les Arabes, que la rareté de ce vice de la vision parmi ces peuples, était
due au retrécissement habituel de leur prunelle frappée continuellement par des rayons lumineux très-
intenses. On comprend que dès qu'un œil louche
se trouve dans son axe normal par le fait du redressement, les rayons lumineux frappent directement
cet organe, la pupille se retrécit, et la myopie, si
elle dépend de cette cause, diminue ou disparaît
complétement. Mais si la vue courte est le résultat

d'un vice de conformation du globe ou d'une maladie de la rétine, l'œil ne voit pas davantage après
l'opération, quoiqu'on ait donné à son axe la rectitude normale.

Somme toute, l'opération du strabisme, pratiquée convenablement et dans les cas où elle est
indiquée, réussit très-souvent à redresser la difformité ; la vue s'améliore presque toujours lorsque
l'œil est bien redressé, et quant aux suites fâcheuses, telles que l'exophthalmie et la diplopie, elles
peuvent être évitées dans beaucoup de cas, si l'on
tient compte des précautions opératoires que nous
avons énumérés dans cet article.

§ V.

ALBINISME.

Quoique notre but ne soit pas ici de traiter de
l'albinisme en général, cependant pour donner
une idée plus nette des caractères particuliers que
présentent les Albinos chez les juifs d'Afrique, il
nous paraît indispensable d'exposer d'une manière
sommaire, l'histoire de cette maladie et des diverses opinions qui ont été émises sur sa nature et
sur son traitement.

En désignant l'albinisme sous e nom de maladie, nous venons déjà de nous prononcer contre
un préjugé longtemps accrédité parmi les natura-

listes. Ils avaient d'abord considéré les Albinos,
comme formant une race distincte quoique peu
nombreuse dans l'espèce humaine, et leur opinion
adoptée comme tant d'autres avant tout examen,
s'était transmise jusqu'à Buffon, qui après l'avoir
partagée, la réforma lui-même dans le t. 4ᵉ de ses
suppléments. On s'était fondé sur un fait ; les Albinos se rencontrent par groupes dans quelques
montagnes de l'île de Ceylan, on les trouve aussi
en nombre considérable dans certaines régions
équatoriales. Le fait est vrai, l'erreur n'est que
dans l'induction qu'on en avait tirée ; et une nou-
veauté aussi importante en histoire naturelle, que
l'admission d'une race de plus dans l'espèce humaine, ne pouvait pas être justifiée par une simple induction. Tout ce qu'il y avait à constater et
ce qu'il faut maintenir encore à présent, c'est que
les Albinos se rencontrent plus fréquemment entre les deux tropiques, que partout ailleurs. Du
reste, on en trouve chez tous les peuples et sous
toutes les latitudes, et ils deviennent seulement de
plus en plus rares à mesure qu'on s'avance de l'é-
quateur vers les pôles. Voilà ce qui résulte des
observations faites, renouvelées et demeurées cons-
tantes depuis la fin du xviiiᵉ siècle.

L'opinion qui faisait des albinos un peuple ou
une race spéciale ne pouvait donc plus se soutenir,
même géographiquement ; il eût au moins fallu,
pour cela, que partout où ces individus se rencon-

traient, ils eussent été groupés en tribus ou en familles, se reproduisant avec les principaux caractères donnés primitivement par une origine commune; mais dans les régions septentrionales et tempérées où, comme nous venons de le dire, les Albinos apparaissent rarement, on les trouve le plus souvent isolés et ne différant pas, à l'albinie près, des races diverses parmi lesquelles ils vivent.

Au point de vue scientifique, le même préjugé tombait encore plus vite. Buffon venait de découvrir et de proclamer un grand principe, qui depuis, a dominé dans l'histoire naturelle, c'est que la *fécondité continue* constitue seule la race. Or, non seulement cette condition première, indispensable, n'existe pas chez les albinos, mais l'observation à fait reconnaître que par eux seuls, ils sont même absolument incapables de se reproduire. D'abord, le mâle, sauf peut être quelques exceptions bien rares, est déjà impuissant; si la femme est féconde, et l'on ne peut nier que quelques unes ne le soient beaucoup, elle ne conçoit jamais d'un albinos, c'est à dire que ces individus n'ont pas même la faculté dont jouissent certains animaux hybrides, celle de se reproduire directement une première fois. On sait en effet, que chez plusieurs variétés de mulets, la fécondité ne cesse qu'après une et quelquefois deux générations.

Puisque l'albinie n'est pas le caractère propre

d'une race d'hommes, c'est donc ou une simple
anomalie, ou un état pathologique. On va comprendre que cette dernière alternative, est la seule
vraie et même la seule possible. L'albinisme n'affecte pas également tous les individus qui en portent la trace; suivant les causes qui le produisent
et d'autres conditions particulières, il se présente
avec des nuances et des degrés divers, susceptibles
d'être modifiés, tant par des moyens curatifs ap-
propriés, que par un régime hygiénique judicieusement indiqué; en un mot, on le traite et on en
guérit dans certains cas, d'une manière plus ou
moins incomplète, ce qui ne peut raisonnable-
ment se comprendre que d'une maladie. L'argument nous paraît sans réplique; cette nature pathologique de l'albinisme, ne pouvant plus être
douteuse, il devenait très intéressant de l'étudier
dans ses causes, dans ses caractères et dans ses effets moraux et physiques les plus communs. C'est
aussi dans un but purement médical, que nous allons continuer d'indiquer rapidement ce que la
science a constaté de plus positif par cette étude,
pour y joindre le résultat de nos propres observations sur l'albinisme, parmi les populations de l'Algérie.

L'Albinie, ainsi que nous venons de le dire, varie beaucoup dans ses caractères extérieurs. Voici
ses deux degrés extrêmes, entre lesquels on peut
se représenter facilement les nuances nombreuses

qui les séparent. Ou les yeux sont bleus, la peau parfaitement blanche et tout le système pileux incolore, c'est l'état le moins avancé ; ou bien toutes ces parties, au contraire, sont différemment colorées, et surtout les yeux en rouge pâle, l'iris rosé, etc.. c'est l'albinisme complet. On n'est pas bien d'accord sur la raison de cette différence de phénomènes, dans une affection qui est la même au fond. L'explication la plus vraisemblable est celle qui la fait dépendre de la quantité ou de la sécrétion plus ou moins abondante, plus ou moins irrégulière du pigmentum. On attribue les dépôts mélaniques qu'on remarque chez certains animaux à cette sécrétion irrégulière des matières du *pigmentum;* et cette circonstance qui a fait reconnaître l'albinisme dans plusieurs espèces du règne animal, est encore un argument péremptoire en faveur de sa nature pathologique.

Les Albinos n'ont pas seulement la vue faible, mais ils témoignent encore une grande aversion de la lumière, tant parce que leurs sourcils et leurs cils ne peuvent absorber une partie des rayons lumineux que parce que l'iris, dépourvu d'uvée à sa partie postérieure, les reçoit sans pouvoir les réfracter. L'absence du *pigmentum* dans la choroïde, nous l'avons déjà dit en parlant de la densité de cette membrane chez les Arabes, laisse à leur action directe, après le passage de la rétine, toute son intensité, et c'est alors que réfléchis et multipliés

par le croisement , ils produisent une sensation à
la fois confuse et douloureuse. Aussi voit-on les
Albinos fuir la vue des objets éclatants et rechercher l'obscurité comme certains animaux noc-
turnes dont ils se rapprochent d'ailleurs par les
caractères anatomiques de l'appareil de la vision.

Nous venons de signaler la plus déplorable des
infirmités inhérentes à l'albinisme. Il faut encore
y ajouter une extrême faiblesse physique et une stu-
pidité qui peut aller jusqu'à l'idiotisme quand la
maladie existe au dernier degré.

On distingue l'albinisme congénial et l'albinisme
accidentel. L'albinisme est congénial dans l'individu né d'une femme albine et d'un homme brun
ou noir. Il faut pourtant observer ici que cet individu n'est pas toujours nécessairement Albinos;
car il peut tout aussi bien avoir la constitution de
son père que celle de sa mère , mais il reproduit
entièrement l'une ou l'autre ; cette union ne produit point de mulâtre. Ce n'est pas qu'on ne trouve
souvent des demi-Albinos; mais cet état, comme
celui de nègre-pie , se rapporte à l'albinisme accidentel. L'albinisme congénial est toujours complet
et malheureusement incurable.

Il n'en est pas de même de l'albinisme accidentel, qui souvent aussi n'est que partiel. Un climat
insalubre, une nourriture insuffisante, la privation d'exercice, les violents chagrins, les grandes
frayeurs , telles sont les causes principales qu'on

peut assigner à cette maladie, contre laquelle une habitation saine et aérée, des aliments substantiels et toniques, sont les remèdes naturellement indiqués. Ce sont à peu près les mêmes que l'on prescrit contre l'albinisme congénial, non dans l'espoir de le guérir, mais en vue d'en diminuer l'intensité. On trouve cependant dans la science des cas dans lesquels l'albinisme, même congénial, a subi des changements notables. Ainsi, M. le docteur Ascherson a vu le pigment de l'œil se développer chez un enfant albinos âgé de trois ans (1). Cet enfant avait en naissant les cheveux blancs et les yeux violets avec les pupilles rouge-foncé; à la fin de sa troisième année, ses cheveux étaient blonds et ses yeux bleus; mais il conservait encore à un degré très remarquable, quoique moindre qu'auparavant, cette agitation particulière aux Albinos. Le professeur Graves, de Dublin, rapporte également avoir vu dans sa jeunesse deux enfants, le frère et la sœur, dont les yeux, les cheveux et le teint offraient à un tel degré les caractères de la *leucosis*, qu'ils étaient reconnus pour Albinos, même par des personnes étrangères à la médecine; quelques années plus tard, M. Graves apprit que le frère était devenu marchand de tabac, et ayant eu occasion de le rencontrer, il ne fut pas peu étonné de voir que les yeux, de violet rouge qu'ils avaient

(1) Histoire naturelle de l'homme, par Prichard.

eté, étaient devenus gris et que ses cheveux, de
blancs étaient devenus blonds; la sensibilité des
yeux, pour la lumière, avait considérablement diminué.

L'albinisme est fréquent parmi les juifs d'Afrique;
mais les cils et les sourcils de ceux qui en sont atteints, au lieu de cette couleur blanche qu'on remarque en général chez les Albinos, présentent des
taches de rousseur; ces individus sont souvent
myopes. L'albinisme que nous avons observé chez
quelques juifs d'Alger et de Constantine, ne nous
a pas paru complet, et nous croyons que chez les
individus de cette race, dans le plus grand nombre
des cas, il n'est pas congénial, mais le résultat d'une
affection scrofuleuse.

Comme M. Guyon, nous pensons qu'il faut ran-
ger parmi les principales causes de l'albinie en
Afrique, surtout parmi les juifs, l'humidité, l'insalubrité, le défaut d'air et de lumière; **toutes**
circonstances qui reproduisent assez bien les
mauvaises conditions des localités où l'albinisme
est le plus fréquent. Ainsi quelques auteurs avaient
déjà remarqué que c'est à l'isthme de Darien, une
des contrées de la terre les plus humides, qu'on
rencontre le plus grand nombre d'Albinos. On sait
d'ailleurs que l'albinisme sévit fréquemment sur
les animaux mal nourris, soustraits à l'influence
de la lumière et privés d'exercice; c'est ainsi que
M. Isidore Geoffroi Saint-Hilaire a constaté que

des mammifères et surtout des singes tenus dans une captivité prolongée, privés d'exercice et nourris d'aliments insuffisants, ou peu en harmonie avec leurs besoins, subissaient insensiblement une altération notable de couleur; on sait même que ce naturaliste a provoqué l'albinisme chez de jeunes cyprins dorés de la Chine. Enfin Roche, le plus ancien des Albinos de Bicêtre, a présenté des symptômes beaucoup plus saillants, tant qu'il a été placé dans une loge sombre et humide; mais depuis qu'on l'a fait coucher dans un endroit sain et aéré, qu'on l'a laissé circuler au soleil et dans les grandes cours, en un mot qu'on l'a soumis à l'influence d'agents toniques et excitants, les caractères de l'albinisme se sont vivement amendés, la constitution s'est fortifiée et il est aussi vigoureux que le comporte l'âge de cinquante-trois ans qu'il vient de dépasser (1).

M. Baudoin, dans son voyage dans le Bélad-el-Djérid, a rencontré plusieurs cas d'albinisme : 1° à Ouled-Neil quelques individus à la peau blanche, aux cheveux blonds et aux yeux rouges; 2° à Souf, un indigène qui avait toute la partie postérieure du tronc, à partir des épaules d'une blancheur de lait; 3° à Tahibet, des nègres aux yeux rouges et dont tout le corps était tacheté de noir et de blanc comme un véritable damier. — Ces Albinos et demi-

---

(1) Fabre. — Dictionnaire des dictionnaires de médecine.

Albinos deviennent souvent la risée de leurs com-
patriotes qui leur disent, que s'ils étaient dans le
pays des Roumi (chrétiens), on se servirait de leur
peau pour extraire du poison.

La médication et le régime, conseillés par les
gens de l'art, contre l'albinisme, n'ont pas encore
été essayés en Afrique, où nous ne doutons pas
qu'ils ne produisissent d'heureux résultats, s'ils
étaient suivis avec persévérance; au surplus, il y
aura toujours prévoyance et humanité à tenter une
guérison contre l'albinisme. Nous ne proposerons
pas de rien changer au traitement indiqué, si ce n'est
d'y joindre l'usage des préparations ferrugineuses
et iodurées. Nous sommes d'autant plus convaincus
de ses bons effets que nous avons vu des exemples
d'albinisme partiel modifié et même guéri par la
seule action du temps et le changement des habitudes sans que les malades aient été soumis à aucun régime diététique.

CHAPITRE VI.

EUROPÉENS.

Quand un fait peut être attribué à plusieurs causes agissant simultanément, il est quelquefois difficile d'assigner à chacune sa juste part, et il arrive même assez souvent de donner le rôle principal à celle qui n'a qu'une action secondaire ou purement accidentelle. Cette erreur de jugement commise par les premières personnes qui ont eu à expliquer le mauvais état sanitaire de notre armée d'Afrique immédiatement après l'occupation, peut encore entraîner d'assez graves conséquences pour mériter d'être réfutée ici ; c'est ce que nous allons faire en quelques lignes.

Commençons par rappeler une vérité d'expérience qu'on paraît avoir oubliée, ou dont on n'a pas tenu compte autant qu'on le devait ; c'est que jamais une population n'a été transplantée d'un pays dans un autre, sans avoir eu plus ou moins à souffrir des fatigues de cette migration, et des difficultés d'un nouvel établissement. Voilà déjà une première cause de maladies et de mortalité; on en trouvera une seconde dans la différence des climats, surtout si les émigrants sortent d'une région tempérée où le bien-être matériel, produit d'une civilisation avancée, concourt avec les bonnes conditions atmosphériques à rendre la vie plus douce et plus commode que partout ailleurs. Enfin, la troisième cause morbifique, résultera du pays nouveau, si il est insalubre par lui-même.

Sur ce dernier point on avait une question bien simple à se poser, quelle est en général l'état sanitaire des juifs, des arabes et des maures en Algérie? Un premier coup d'œil eût suffi pour s'assurer que ces diverses populations s'y portent à merveille, et tous les doutes étaient dissipés, car, un pays dont les naturels vivent en parfaite santé, sera nécessairement salubre pour les étrangers qui s'y acclimateront. Il ne s'agissait en attendant que de choisir un bon régime hygiénique, de prendre les précautions commandées par la localité, et de changer peut-être certaines habitudes importées du pays natal. Rien de tout cela n'a été fait d'abord, et les maladies, comme cela était inévitable, décimèrent la population européenne. l'armée paya son tribut la première et les colons après l'armée. L'opinion publique, trompée par quelques hommes, imputait au climat ce qui était le fait de la négligence et de la migration dans un pays nouveau.

Lorsqu'on espérait encore, par des prophéties alarmantes, déterminer l'abandon de la colonie, on mettait sans cesse en avant cette prétendue insalubrité de l'Algérie, et plus tard les adversaires de la colonisation ont repris le même argument;

mais si l'on voulait chercher ce qu'il y a de vrai au fond, on trouverait que les maladies attribuées d'une manière générale à des causes climatériques, n'étaient dues qu'à l'encombrement, aux travaux de la guerre et aux tentatives d'exploitation agricole dans quelques localités marécageuses. Nous n'avons pas besoin de dire que l'effet de ces causes, a complétement cessé depuis que la pacification successive du pays a permis de défricher les terres et d'assainir les localités insalubres, (1) qui ne sont, d'ailleurs, ni plus nombreuses, ni plus étendues en Algérie, que dans certains pays d'Europe.

La plus grande preuve que les maladies de nos soldats et de nos colons, ne devaient être imputées qu'aux conséquences ordinaires de toute migration et non au vice du climat, c'est qu'elles ont cessé progressivement par le seul effet du temps et de meilleures habitudes de vie. Ainsi il résulte du tableau officiel du mouvement des hôpitaux militaires et ambulances, pendant les années 1840, 1841, 1842, 1843, que le nombre des malades et surtout des morts, a toujours diminué dans l'armée, depuis 1840, bien que l'effectif ait augmenté; c'est-à-dire, que la mortalité, qui avait été en 1840,

---

(1) Depuis des siècles, en Algérie, les marais étaient abandonnés et constituaient des biens vacants ; l'ordonnance du mois d'octobre dernier, attribuant ces marais à l'État, prépare la culture des terres et la cessation des maladies miasmatiques.

de plus du septième de l'effectif, n'a pas été du
dix-septième en 1843. Ces heureux résultats doivent être attribués à la satisfaction morale du soldat, aux soins que l'expérience a conseillé de
prendre dans les expéditions pour la manière de
conduire les troupes, la division des marches, le
choix des haltes et des bivacs ; ajoutons à cela l'a-
mélioration des établissements militaires, qui n'a
pas cessé de faire des progrès depuis 1840. De
provisoire qu'était l'installation de ces établissements sur la plupart des points, elle est successivement devenue définitive presque partout. Les
baraques ont remplacé les tentes, les constructions
en maçonnerie, ont remplacé les baraques. Les
moyens de couchage ont suivi le même progrès :
les hamacs ont succédé aux planches ou à la terre
nue, les matelas avec couchettes ont succédé aux
hamacs ; enfin, des soins mieux entendus et un
service plus régulier ont été introduits dans les
hôpitaux.

§ I.

FISTULE LACRYMALE.

La fistule lacrymale est commune parmi les colons d'Oran et de quelques autres villes de la régence ; cette maladie, ainsi que l'amblyopie dont
nous parlerons dans un autre paragraphe, établis-

sent une espèce de ligne de démarcation entre les maux d'yeux des indigènes et ceux de la population européenne des villes de l'Algérie.

On peut examiner un grand nombre d'arabes des villes et des tribus sans rencontrer un seul cas de fistule lacrymale; on observe, il est vrai, chez les maures et chez quelques arabes, par suite de blépharo-conjonctivites chroniques, des larmoîements occasionnés par l'engorgement du sac lacrymal et par le relâchement temporaire des points et des conduits lacrymaux, mais les maladies franches de l'appareil sécréteur et excréteur des larmes, sont excessivement rares. Il est très difficile de donner une explication de ce fait; je crois cependant qu'on peut l'attribuer à la *sécheresse naturelle* de l'œil chez les arabes, sécheresse qui est probablement due à la chaleur excessive du climat ou à la manière énergique et continue dont s'exercent les fonctions de la peau. L'élévation ou la dépression du maxillaire supérieur, la longueur et les diamètres du canal nasal qui, comme on sait, varient d'après les différentes races, seraient-ils la cause de la rareté de la fistule lacrymale chez les Africains? Nous n'osons pas l'affirmer, n'ayant pas fait de recherches spéciales à cet égard.

Une circonstance qui explique à notre avis la fréquence de cette maladie chez les colons et leur rareté parmi les indigènes d'Afrique, c'est la différente manière de vivre et l'exercice des diverses professions ; or, c'est précisément là que résident les causes principales des maladies de l'appareil lacrymal. On sait en effet que dans les villes d'Europe les maladies inflammatoires qui produisent les diverses affections des organes lacrymaux, sont excessivement communes dans diverses classes, parmi lesquelles il faut placer en première ligne les blanchisseuses, surtout celles qui travaillent en plein air ; les corroyeurs, qui habitent des lieux humides, et qui ont toujours la tête penchée en avant ; les bateliers, les marins, les pêcheurs, les gardes-côtes, les débardeurs, les éclusiers, les déchireurs de bâteaux et de trains, les cultivateurs de riz, les maraîchers, etc.; ces individus sont très sujets à contracter les affections des voies lacrymales, à cause de l'humidité et des vicissitudes atmosphériques auxquelles ils sont exposés ; leurs habits continuellement mouillés les rendant sujets aux affections catarrhales et à toutes les maladies qui dépendent de la transpiration supprimée, peuvent occasionner la fistule lacrymale. Les Arabes, surtout les nomades, n'exerçant pas ces différentes professions, ou les exerçant dans d'autres conditions de climat, sont conséquemment peu sujets à la maladie qui fait le sujet de cet article.

En raison de la fréquence des maladies de l'appareil sécréteur et excréteur des larmes chez les Européens qui habitent le nord de l'Afrique, nous croyons devoir entrer dans quelques détails sur le traitement de ces affections.

La fistule lacrymale étant produite par une multiplicité de causes, on comprend que le traitement d'une maladie aussi complexe ne peut être unique et doit varier suivant les causes présumées de la maladie et les divers degrés de son intensité. Est-elle inflammatoire? on appliquera le traitement antiphlogistique que l'on subordonnera du reste à la constitution du sujet; ainsi, on placera derrière l'apophyse mastoïde dix ou douze sangsues, dont on fera largement couler les piqûres. Si l'indication s'en présente, on fera une saignée; puis, comme adjuvans, on prescrira des purgatifs, des boissons sudorifiques à l'intérieur, des pédiluves aiguisés avec les acides minéraux. Lorsque l'inflammation est notablement diminuée, qu'à l'état aigu s'est substitué l'état chronique, c'est alors que l'on doit soumettre la muqueuse du canal aux influences médicales propres à dissiper la turgescence : nous employons avec succès un collyre préparé d'après la formule suivante :

Eau distillée. . . . . 5o grammes.

Sulfate de zinc. . . ⎫
⎬ ââ 5o centigr.
Id. de fer . . . ⎭

Les instillations seront pratiquées plusieurs fois par jour; on peut, suivant le conseil de M. Frestel, (1) le liquide étant injecté dans l'angle interne

(1) Paris, 1844.

de la fente palpébrale, la bouche ainsi que les na-
rines étant fermées, recommander aux malades
de faire une forte inspiration qui ayant pour effet
de produire le vide dans le canal, devra nécessairement favoriser l'absorption du collyre par les
points lacrymaux.

Chez les sujets dont les glandes de méibomius
sont engorgées, si l'on constate que les marges palpébrales sont ulcérées, couvertes de croûtes adhérentes à la base des cils, on pratiquera tous les
soirs sur le bord ciliaire des paupières des onc-
tions avec des pommades à base de calomel,
ou de nitrate d'argent. C'est la dernière dont l'u-
sage nous est le plus familier. M. Bouchacourt
adoptant les idées de Scarpa, conseille la cautérisation des paupières avec un crayon de pierre
infernale. Nous considérons ce moyen comme
héroïque, et, dans les cas de ce genre, nous prati-
quons à l'aide de ce caustique des cautérisations
répétées de la muqueuse palpébrale.

Nous ne sommes pas de l'avis de certains chirurgiens, qui veulent que de prime abord on recons-
titue de vive force la continuité du canal ; nous
préférons, dans les cas ou les moyens précédents
auraient échoué, avoir recours soit isolément, soit
combinées avec ceux-ci, aux douches et aux fumigations. Les douches se pratiquent à l'aide d'une seringue à jet continu ou multiple sur le grand angle
de l'œil : le liquide dont on se sert, émollient

d'abord, est rendu de plus en plus excitant à l'aide des eaux sulfureuses d'Enghien ou de Barèges, qui, dans la fin du traitement, sont seules employées.

Les fumigations indiquées par Louis, (1) revendiquées par M. Velpeau comme appartenant à Manget, se composent, soit de vapeurs aqueuses émollientes, guimauve, chiendent; astringentes, noyer; aromatiques, labiées, que l'on remplace plus tard par les fumigations sèches de substances résineuses telles que le benjoin, le succin, l'oliban.

. Le plus simple appareil suffit pour porter dans la narine affectée la vapeur en ébullition.

Une théière remplie à moitié d'un liquide très chaud, un pot recouvert avec un entonnoir, constituent le mode fumigatoire le plus simple; si l'on veut un instrument plus parfait, on aura recours à la petite machine du lampiste Chevalier.

Il peut arriver que les collyres dont nous avons parlé plus haut, pénétrent difficilement à travers les points lacrymaux; alors, pour suppléer à la nature, on a recours à la seringue d'Anel. Ce fut en 1713, que ce chirurgien fit connaître sa nouvelle méthode; la position élevée de sa première malade la duchesse de Savoie, aïeule du roi de Sardaigne, surtout sa guérison, suffirent pour mettre

---

(1) Réflexions sur l'opération de la fistule lacrymale, t. 3, p. 69.

en crédit un procédé qui, maintenant abandonné
par l'école allemande, est encore placé en France
parmi les moyens utiles.

Les injections se font à l'aide de la seringue
d'Anel : le chirurgien se place en face du malade,
abaisse la paupière inférieure en inclinant son bord
libre en avant et en dedans, la main droite armée
de la seringue, présente le syphon perpendiculairement à l'orifice du point lacrymal; renversant
alors la main en dehors, on rend au conduit lacrymal, une direction à peu près rectiligne; alors,
pressant sur le piston, l'opérateur pousse le liquide
dans les voies lacrymales.

L'eau des injections sera aiguisée, soit avec l'in-
fusion de safran, de sulfate de zinc, de cuivre ou
d'alumine.

Richter et après lui Béer, employaient avec
succès une dissolution de nitrate d'argent. Pour
nous, notre pratique consiste, lorsque l'inflammation est diminuée, à faire usage d'un collyre à la dose
de 2 centigr. d'azotate d'argent, pour 30 grammes
d'eau distillée; puis, lorsque nous supposons que
la muqueuse du canal a été modifiée, nous varions
notre agent thérapeutique, et c'est alors que nous
tirons un avantage réel du moyen suivant :

Eau distillée, 60 grammes ;

Tannin, préparé d'après la méthode de M. Pe-
louze, 1 gramme.

Il ne faut pas oublier qu'à mesure que l'inflam-

mation diminue, que le canal s'habitue au contact
du médicament, on doit élever la dose du tannin,
ou des sels que l'on a préférés. Cette médication
doit être exclusivement administrée par l'homme
de l'art ; en effet, on a• reproché à l'introduction
répétée du syphon d'Anel, de produire le relâchement des points et des conduits lacrymaux; Schmidt
et d'autres observateurs ont vu que les papilles
lacrymales avaient été déformées, ulcérées, à la
suite de l'introduction de cet instrument. Est-ce à
dire que l'on doive abandonner ce moyen de traitement? Je ne le crois pas, et je pense que c'est
plutôt à l'incurie, à la maladresse de l'opérateur,
que l'on doit attribuer ces accidents, qu'à la
méthode. C'est pour faciliter les injections, pour
remédier aux inconvénients que la méthode d'Anel
présentait, que Laforest proposa de pénétrer par
l'orifice inférieur du canal. Ses instruments se
composaient de deux cathéters, l'un plein destiné
à frayer la voie, l'autre creux servait à conduire
dans le sac ou dans le canal un liquide approprié.
L'imperfection de ces instruments les fit bientôt
abandonner, aussi M. Gensoul, en revenant à cette
idée, fit subir aux instruments de Laforest des
modifications importantes. « Pour sonder le canal nasal, avec des sondes appropriées parfaitement à la forme de ce canal, dit cet auteur, (1)

(1) Archives générales de médecine, année 1828.

j'ai fait fondre du métal fusible de Darcet dans la
fosse nasale, j'ai pris le moule, et alors j'ai obtenu
les soudes avec la forme qui seule permet de les
introduire, et cela avec une facilité telle, que cette
opération est beaucoup plus facile que le cathétérisme dans le cas de rétention d'urine » (1).

Ce procédé est peu suivi, non seulement il exige
une grande habitude, mais encore les malades le
supportent avec la plus grande peine; et lors
même qu'ils s'y soumettent, le rétrécissement du
canal, l'abaissement du cornet, le rendent souvent
impossible. Une chose qu'il ne faut pas oublier
dans le cathétérisme, c'est que l'extrémité antérieure du nez est sur un plan inférieur à celui du
plancher des fosses nasales; de sorte que lors de
l'introduction du cathétère, si l'on ne rétablit pas le
niveau entre ces deux plans, en relevant l'orifice
antérieur, on est exposé à gagner le méat moyen
et à chercher inutilement l'ouverture inférieure.

Il arrive souvent que les moyens précédents,
bien qu'employés avec méthode et persistance ne
réussissent pas ; aussi les chirurgiens ont-ils cherché une nouvelle modification à apporter au procédé et à l'agent thérapeutique à employer.

A l'époque ou la cautérisation des rétrécissements de l'urètre, suivant les vues de Ducamp et

(1) Voyez, pour le mode opératoire, mon Traité pratique des maladies
des yeux , p. 107.

Lallemand, occupait l'attention des chirurgiens, quelques ophthalmologistes pensèrent pouvoir appliquer par analogie ce mode de faire aux sténochories du canal nasal. Bien que Heister eût recommandé la cautérisation du conduit des larmes (1), Harving propose, comme lui appartenant, deux modes de cautérisation, soit à l'aide du cautère actuel, soit au moyen de la pierre à cautère.

Sa méthode consiste, l'incision du sac étant faite, à placer dans le canal une canule analogue à celle de Dupuytren, avec cette différence, que le bourrelet du tube doit demeurer hors de la plaie, afin d'en faciliter l'extraction.

L'opérateur porte alors à travers la canule un cautère rougi à blanc ou une mèche enduite de nitrate d'argent. Tirant alors de bas en haut sur le tuyau métallique en même temps qu'il tient enfoncé la mèche ou le cautère, il arrive que les agents caustiques se trouvent en rapport avec la surface interne du canal. On renouvelle selon le besoin ces cautérisations, en ayant soin de placer entre elles dans le conduit nasal une bougie, dans le but d'empêcher l'adhérence de ses parois.

Dans les cas où le chirurgien veut seulement agir sur un rétrécissement, on comprend qu'à l'aide de la canule on est libre de ne cautériser que telle ou telle partie du conduit excréteur des larmes.

_____

(1) Archives générales de médecine, dix-huitième année, 1828.

En 1825, M. Deslandes proposa un nouveau procédé : il commence par désobstruer le canal l'aide du mandrin ordinaire; substituant à cet instrument un porte-caustique ayant la même forme, mais présentant sur sa branche verticale deux sillons dans lesquels on a fait fondre le nitrate d'argent, il cautérise le canal en imprimant à la tige des mouvements de rotation sur son axe. Je dois mentionner ici le travail du docteur Taillefer (1), qui, ignorant sans doute les travaux d'Harving, indique un procédé analogue à celui de cet auteur.

J'ai déjà parlé de la difficulté du cathétérisme inférieur des voies lacrymales. En modifiant les instruments de Laforest, M. Gensoul n'avait pas eu seulement pour but de sonder et d'injecter le conduit des larmes; aussi dans une lettre écrite à Harving, cet auteur revendique la priorité de l'idée de cautériser le canal nasal. Quoiqu'il en soit, c'est à l'aide de la sonde qu'il introduit la substance escharotique; et cet auteur dit avoir, par ce moyen, obtenu de nombreuses guérisons.

CRÉATION D'UNE VOIE NOUVELLE.

Woolhouse raisonnant les idées et le mode de guérison employé par les anciens, dans le traitement de

(1) Archives générales de médecine, t. II. 1826.

la fistule, proposa la perforation de l'os unguis. Il enlevait d'abord toute la muqueuse du sac lacrymal, tamponnait la plaie, et deux ou trois jours après, à l'aide d'un poinçon, il perforait de haut en bas et de dehors en dedans l'os unguis. Des mèches introduites dans cette ouverture en empêchaient l'agglutination ; plus tard, elles étaient remplacées par une canule d'or, d'argent ou d'étain, étranglée à sa partie moyenne, afin d'empêcher son déplacement. Les procédés de perforation ont beaucoup varié : Monro se servait d'un trois-quarts ; Ravaton et Lamoirier enlevaient une partie de l'os à l'aide de pinces spéciales. Dans le même but, Saint-Yves se servait comme La Charrière, Dionis, Wriseman, du cautère actuel. Lecat, Richter, Richerand adoptèrent cette idée. Scarpa, le sac étant ouvert, comme pour le procédé de Woolhouse, à l'aide d'une espèce de spéculum guide le cautère rougi à blanc sur la cloison qui sépare le canal des fosses nasales. Il répète cette application jusqu'à ce que la membrane de Schneider soit escharifiée. Après la chute des eschares, il maintient l'ouverture béante à l'aide de bougies d'un volume de plus en plus gros.

Hunter imagina, dans le même but, un emporte-pièce qui paraît n'avoir été jamais qu'à l'état de projet. Dupuytren inventa pour cette opération un instrument connu sous le nom de trépan lacrymal. Enfin, M. Nicod a proposé de réunir la

15

perforation, à l'aide du trois-quarts, à la cautérisation ordinaire.

Wathen, lorsque le canal n'existait pas, a proposé de pratiquer un conduit artificiel dans la direction même du canal naturel à l'aide d'un foret,
et de le maintenir ouvert en y plaçant une canule
à demeure. Dupuytren, dans une circonstance
pareille, s'est servi d'un vilebrequin pour forer un
conduit dans la direction normale; M. Malgaigne,
dans un cas d'oblitération du canal, enfonça dans
cette direction le mandrin de la canule. L'instrument arrivé dans les fosses nasales fut retiré, on y
ajusta une canule à double bourrelet qui fut en-
gagée de vive force dans le trou que l'on venait de
faire.

Enfin, M. Laugier a proposé la perforation du
maxillaire supérieur, s'appuyant sur la perforation
de ce sinus, faite accidentellement pendant la re-
cherche du canal nasal, et sur le résultat heureux
qu'eût cette faute. Ce procédé consiste à pénétrer
de prime abord dans le sinus maxillaire à l'aide
d'un trois-quarts recourbé qui permet d'enfoncer
si l'on veut toute la paroi qui sépare le canal nasal
du sinus.

DILATATION.

La dilatation, considérée comme méthode générale, peut se diviser en deux variétés; dans l'une,

l'action est temporaire ; dans l'autre, au contraire, elle est permanente : c'est à Jean-Louis Petit qu'appartient l'idée de dilater le canal nasal et de rétablir sa continuité. Déjà depuis longtemps, il traitait par cette méthode la fistule lacrymale, lorsqu'il la fit connaître à l'Académie de chirurgie ; pour lui, elle consistait à agrandir l'ouverture fistuleuse, s'il en existait, ou bien à ouvrir, s'il n'en était pas ainsi, à l'aide de son bistouri, le sac lacrymal. Alors, glissant à la place de cet instrument une sonde canelée qu'il poussait à travers le canal jusque dans le nez, il s'en servait pour introduire une tente ou une bougie médicamenteuse qu'il renouvelait tous les jours, en augmentant leur grosseur jusqu'à ce qu'elles eussent produit une dilatation suffisante. C'est de cette méthode que découlent toutes celles que l'on emploie de nos jours.

A la même époque, Monro proposa une méthode analogue à celle de Jean-Louis. Que son procédé ait été un fruit de son invention, ou une modification de celui de Petit, ce qu'il y a de certain, c'est que la section du tendon direct de l'orbiculaire, la grandeur de l'incision, sa cicatrisation difforme, la perforation au lieu de la désobstruction du canal, firent que son opération, comparée à celle si simple de son rival, fut oubliée.

Pouteau, dans le but d'éviter la cicatrice externe, pratiqua l'ouverture du sac entre la caroncule lacrymale et le bord palpébral inférieur ; cette modi-

fication ne fut pas adoptée. En effet, l'introduction
de sondes et de bougies entre la conjonct've bulbaire
et palpébrale devait être une cause incessante d'irritation et amener des accidents graves, aussi la
conduite du chirurgien de Lyon eût elle peu d'imi-
tateurs. Scarpa, sans abandonner ses idées spéciales sur l'action que les collyres et les pommades
avaient sur la maladie de la conjonctive qui, comme
nous l'avons dit, était pour lui une des causes les
plus fréquentes de fistule, substitua aux mèches
et aux bougies des cylindres de plomb terminés
par une tête auxquels on donna le nom de clous

Plus tard, d'autres opérateurs Ware, Demours
remplacèrent les clous de plomb par ceux d'or, ou
d'argent ; mais il est bon de savoir que le plomb,
par son contact avec les différents liquides qui le
baignent, peut former des sels jouissant de propriétés particulières, dont l'influence peut être pour
beaucoup dans la guérison de la maladie. Pour
nous, si nous avions à nous prononcer, nous pré-
férerions aux clous d'or, ou d'argent, ceux du professeur de Pavie.

Larrey se servait de cordes à boyaux ; Jœger
selon M. Deval, emploie l'ivoire rendu flexible : un
des écueils de cette méthode, c'est la longueur du
traitement. En effet, Scarpa pensait qu'il fallait au
moins une année pour arriver à un résultat convenable, et que la cure était d'autant plus durable,
que l'usage des clous avait été plus prolongé.

Méjean, craignant l'incision sanglante que beaucoup de malades redoutent et la cicatrice qu'elle laisse après elle, et voulant cependant arriver au même but que Jean-Louis, savoir : la dilatation du canal, proposa la méthode du séton. Avec un stylet fin, ayant un œil pour recevoir un fil à son extrémité supérieure, cet opérateur, imitant Anel, pénétrait par le point lacrymal inférieur dans la fosse nasale ; puis, à l'aide d'une sonde cannelée, il attirait au dehors l'aiguille et le fil qu'elle entraînait nécessairement après elle. Toute la partie du fil, placée au dessus de l'angle de l'œil, était roulée et fixée au bonnet du malade afin de servir aux pansements subséquents. Quant à l'extrémité inférieure, lorsque l'irritation que la manœuvre a fait naître dans les parties, était dissipée, on la fixait à un séton composé de quelques brins de charpie ; alors on attachait au nœud du séton un autre fil destiné à ramener, à chaque pansement, à l'extérieur la mèche introduite dans le canal par la traction du fil supérieur. Chaque jour, on augmentait le volume du séton, et on procédait ainsi à la dilatation progressive du conduit.

Ce procédé, bien que rendu plus facile par l'invention de la plaque extractive de Cabanis, fut cependant bientôt abandonné. Les motifs sur lesquels on se fondait étaient, entre autres, la difficulté de la pose du fil, la douleur, l'inflammation de l'œil, et surtout la déchirure du conduit lacry-

mal qui, ici, était inévitable, cet organe se trouvant sans cesse en contact avec un corps étranger.

Cependant, on ne rejeta pas toute l'invention de
Méjean, on fit de l'éclectisme. Lecat chercha à com-
biner le procédé de Jean-Louis Petit et celui du
chirurgien de Montpellier. Cet opérateur, renou-
velant l'incision du sac, introduit dans le canal,
non pas de bas en haut, mais bien en sens opposé,
les mèches de Méjean, au moyen d'une corde à
boyau, d'une bougie fine, ou d'un stylet.

Desault, constatant que souvent cette opération
avait pour résultat une cicatrice étendue et déprimée, crut éviter ces inconvénients en faisant une
incision plus petite que celle de Jean-Louis Petit,
et en remplaçant les corps conducteurs de Lecat
par un stylet dont le premier effet est de désobstruer le canal et de servir ensuite de conducteur à
une canule d'argent conique. Lorsque ce tube est
arrivé à l'orifice inférieure du canal, on en retire le
stylet conducteur pour y substituer un fil que le
malade chasse en faisant des efforts pour se moucher ; ainsi le procédé de Desault ne diffère seulement de celui de Méjean que par le mode d'introduire le fil conducteur du séton.

Pamard d'Avignon, Giraud de l'Hôtel-Dieu,
ayant vu que souvent il fallait un temps assez long
pour faire expulser le fil par l'éternument, se
servaient de la canule de Desault, dans laquelle ils
faisaient passer un ressort de montre percé à une

de ses extrémités d'une châsse retenant un fil. Ce ressort, poussé de haut en bas, se déployait comme la sonde de Belloc et par sa saillie à l'extrémité antérieure de l'ouverture du nez, permettait de faire passer le fil avec rapidité.

Boyer avait adopté cette manière de faire. M. Roux, en la mettant quelquefois en pratique, se contente, après avoir entassé à l'aide d'un stylet une certaine partie du fil dans l'intérieur de la canule, de faire moucher le malade.

Jurine se servait d'un trois-quarts en or pour ouvrir le sac et faire passer le ressort de Pamard. M. Manec se sert d'une sonde à dard de Laforest. M. Fournier a proposé d'attacher un gramme de plomb au fil que Desault introduisait dans sa canule; en inclinant la tête, le plomb tombait à l'extérieur, entraînant le fil.

DILATATION PERMANENTE.

Au dire de la plupart des auteurs, Foubert est le premier qui plaça à demeure dans le canal nasal une canule. Selon M. Velpeau (1), la canule de Foubert était d'argent, de forme conique, longue d'environ un pouce, terminée en bec de cuiller inférieurement. Lafaye parle de canule d'or, d'ar-

(1) Médecine opératoire, t. III.

gent ou de plomb, laissée dans le canal, comme
d'une pratique vulgaire. D'après M. Malgaigne on
serait tenté de croire que c'est à l'exemple de Vool-
house que Foubert a proposé sa canule.

La canule de Wathen est conique, garnie à sa
base d'un rebord saillant. Ce qui caractérise la
méthode de cet auteur, c'est qu'il ne laissait la
plaie se cicatriser que lorsqu'il était assuré que le
corps étranger était toléré.

En 1783, Pellier la modifia de nouveau ; moins
longue que celle de Foubert, la sienne se termi-
nait en haut par un bourrelet, et offrait au milieu
un autre bourrelet dont le but était d'empêcher le
chevauchement en permettant à la muqueuse de
se mouler dans leur intervalle. Il ne paraît pas, du
reste, que cette méthode soit jamais tombée dans
un abandon complet. A l'hôpital de Strasbourg,
elle resta d'un usage habituel, dans la pratique
de ses chirurgiens; en Allemagne, elle était également employée par Himely et Reisenger. Cependant
elle était tellement oubliée à Paris, qu'en 1812,
lorsque Dupuytren la réintégra dans le domaine de
l'art, on fut tenté de la considérer comme nouvelle.

Celle qu'il fit construire était d'or ou d'argent,
d'une longueur de 18 à 20 millimètres d'abord,
puis plus tard, de 22 à 25 millimètres, sur 4 à 5
millimètres de diamètre. Sa forme était conique,
légèrement courbée suivant sa longueur, terminée

à son extrémité supérieure par un bourrelet concave en dedans, où il offre une rainure circulaire, et disposée de telle sorte, que, pour retirer la canule, si quelque accident l'exige, il suffit d'introduire dans son intérieur le bec d'une pince dont les crochets extérieurs, en s'y plongeant, l'entraînent facilement au dehors.

A en croire Ansiaux, la canule de Pellier, ainsi modifiée, appartiendrait à Giraud.

Quoiqu'il en soit, depuis que Dupuytren a remis la canule en honneur, plusieurs chirurgiens lui ont fait subir quelques modifications.

M. Van Onseroórt perce les parois de sa canule d'une infinité de trous, destinés, selon lui, à loger des prolongements de la membrane muqueuse, qui auront pour effet de la maintenir.

Celle de M. Brachet offre deux renflements, un à chaque extrémité.

M. Pétrequin de Lyon, a proposé de pratiquer à la partie supérieure de la canule trois fentes de 4 millimètres à peu près de longueur. La canule serait ainsi divisée en trois lames qui, tendant à s'écarter par leur élasticité, la maintiendraient appliquée contre les parois du canal. M. Carron du Villards (1) revendique pour Rittérich (de Leipzick) la priorité de cette modification.

Par contre, M. Lenoir en emploie une fendue

_____

(1) Guide pratique, vc.

en trois branches inférieurement ; lorsqu'on a retiré le mandrin, les trois valves s'écartent et s'opposent à ce que la canule remonte. Si celle de M. Pétrequin peut remonter, celle de M. Lenoir peut descendre. Il me semble qu'en alliant ces deux modifications, on pourrait arriver à confectionner une canule qui aurait moins d'inconvénients; mais je craindrais que la tunique muqueuse, s'enfonçant à travers les lacunes laissées entre chaque valve, poussât des bourgeons dans l'intérieur du tube et l'obstruât sans remède.

Dupuytren, pour introduire sa canule, se servait d'un mandrin d'acier, formé de deux branches se réunissant à angle droit. La tige la plus courte remplit exactement la canule. L'incision du sac étant pratiquée, il faisait glisser sur la lame du bistouri l'instrument coiffé de la canule que l'opérateur logeait dans le canal. Cela fait, retirant le mandrin, il s'assurait, en faisant expirer fortement le malade pendant qu'il lui comprimait le nez, que l'air sortait par le nouveau canal. Une mouche de taffetas gommé était ensuite appliquée sur la petite incision dont la cicatrisation était très rapide.

En jetant un coup d'œil rétrospectif sur ce que nous venons d'exposer, on voit que l'on peut étudier sous trois chefs les méthodes qui ont pour but la dilatation du canal nasal, à savoir : celle où on se sert de bougies et de clous ; celle où le séton est seul employé ; et enfin, celle où le moyen thé-

rapeutique est la canule. Toutes les trois ont de
commun l'incision du sac ; les premières exigent
un traitement long et minutieux ; chaque jour on
est obligé de faire un pansement, de grossir, de
changer la bougie ou de confectionner une mèche
nouvelle. Le séton est d'une application plus difficile, plus minutieuse ; de plus, le malade a le
désagrément de ne pouvoir cacher son infirmité.
La bougie est plus simple dans son emploi (ce qui
est très commode dans les cas où le chirurgien
ne peut lui-même la renouveler).

Soit que l'on se serve de l'une ou l'autre méthode, le résultat ultérieur est le même, quant à
la dilatation ; mais il est vrai de dire qu'à l'aide du
séton on porte plus facilement un topique approprié dans l'intérieur du canal. Pour les bougies,
on peut, il est vrai, les oindre de médicaments
convenables ; mais les bords de l'orifice supérieur les
essuient à mesure qu'elles pénètrent. Aussi, pour
remédier à cet inconvénient, a-t-on associé à la
substance emplastique qui les recouvre une substance médicamenteuse.

Les partisans du séton ont comparé la petitesse
de l'ouverture externe au trou large, souvent dur
et calleux, que l'emploi de la bougie laisse après
elle ; ils ont ajouté que cette ouverture peut rester
fistuleuse, que la bougie conique, entraînant les
bords de la plaie, les renverse et occasionne le plus
souvent une cicatrice déprimée.

Ces objections sont graves, mais les callosités étant externes sont facilement curables; quant à la permanence de la fistule elle ne s'observe que rarement : il en est de même de la dépression de la cicatrice qui, quand bien même elle existerait, ne serait qu'un très petit inconvénient.

Pour la rapidité du traitement, la canule a certes l'avantage sur les méthodes précédentes. Aussitôt l'introduction faite, et c'est fort court, le malade est guéri. Du jour au lendemain la plaie se cicatrise; c'est sans doute cette excessive rapidité d'exécution qui séduisit l'illustre chirurgien de l'Hôtel-Dieu et l'aveugla un peu sur les résultats définitifs. Ce procédé dans les mains de Dupuytren tranchait le nœud gordien dans toutes les difficultés que présentent les affections si complexes des organes lacrymaux; car il l'appliquait aussi bien pour une dacryocistite chronique, pour un engorgement et un épaississement du sac, que pour l'obstruction du canal. Fatigué de l'incertitude des autres traitements, il avait adopté cette pratique exclusive. Malheureusement, aujourd'hui le grand chirurgien n'est plus là pour entourer du prestige de son nom le procédé qu'il avait réhabilité. L'expérience, plus forte que son autorité, a montré manifestement que les brillants succès obtenus par l'application de la canule n'étaient que momentanés : car, ainsi que nous l'avons signalé dans un autre travail (1), la canule remonte, tombe dans les fosses nasales, s'oblitère ou perfore les parois osseuses contre lesquelles elle repose pour entrer dans d'autres cavités; souvent par sa pression elle détermine des accidents graves. De plus, dans les cas de canal rétréci, la force que le chirurgien est obligé d'employer pour dilater le conduit des larmes, déchire la muqueuse, et provoque par cela même une inflammation opiniâtre.

En fréquentant les hôpitaux, on est étonné de voir le nombre des personnes qui viennent se faire extraire des canules. Pour mon compte, dans ma pratique et à mes consultations publiques, j'en ai extrait une vingtaine.

Guidé par un sage éclectisme, voyant que la bougie, le séton, la canule, tout en présentant quelquefois des inconvénients, avaient des avantages incontestables, M. Bérard pensa qu'en combinant ces divers moyens on pouvait avoir de meilleurs résultats. Aussi proposa-t-il une nouvelle méthode sous le nom de méthode *mixte* ou combinée.

Le premier temps du manuel opératoire se confond avec celui de la méthode de Jean-Louis Petit. D'abord incision du sac, puis introduction d'un stylet qui permet de s'assurer qu'on est dans la voie naturelle; ensuite dilatation par la bougie, enfin, application de la canule.

(1) Traité des maladies des yeux.

Premier temps. Le chirurgien se place en face du malade, tenant le bistouri comme une plume à écrire, le tranchant tourné en dehors. Puis cherchant le rebord du canal dans l'angle rentrant que forme la crète antérieure du bord orbitaire avec la branche montante du maxillaire, il l'enfonce dans cette direction. Quelquefois comme ce rebord est caché par des tissus plus ou moins malades, on peut arriver au même but en suivant le conseil de Béclard. Cet opérateur, pour obvier à cet inconvénient, plaçait une sonde cannelée sur le sac du côté non malade; établissant alors un rapport symétrique entre elle et le bistouri, il pénétrait sûrement dans le sac. On reconnaît qu'on a pénétré dans cette cavité à la sensation d'une résistance vaincue, et ensuite qu'on est arrivé dans le canal, à l'impossibilité de mouvoir l'instrument. Saisissant alors le manche avec la main gauche, on retire le bistouri de quelques lignes seulement, en ayant soin de porter la pointe un peu en arrière pour rendre l'ouverture béante. La main droite fait alors glisser sur le plat de la lame une sonde cannelée qui permette de pouvoir s'assurer une seconde fois que l'on est bien dans le canal.

Au stylet on substitue la canule si l'on suit la méthode ordinaire. Pour M. Bérard, ce n'est plus cela, c'est alors que commence sa méthode : la rainure du stylet sert à guider dans le canal une bougie fine qui permet de déterminer jusqu'à quel point il est rétréci. Le lendemain on renouvelle l'application en allant progressivement. Dans les premiers jours on se sert de cordes à boyaux. Plus tard, on a recours aux bougies en cire qui achèvent la dilatation et, se moulant sur le canal, donnent la facilité de construire une canule appropriée à chaque individu.

Afin d'avoir un rapport exact entre le volume, la disposition de la canule et la bougie, voici comment l'auteur procède.

Le corps dilatant étant dans le canal, M. Bérard couchant une paire de ciseaux sur la racine du nez, pratique à la bougie, juste au moment où elle émerge des téguments, une incision en V; alors retirant la bougie, il en enlève, par une section parallèle aux branches du V primitivement tracé, toute la partie placée entre le sac et la peau. En agissant ainsi, il est certain que la direction du bec de flûte est dans un rapport exact avec celle de l'ouverture supérieure du sac. Afin d'agir avec autant de certitude dans la délimitation de la longueur, il retranche de la bougie toute la portion placée au dessous du méat inférieur, portion que l'on reconnaît facilement lorsque l'on vient à réfléchir que l'air, par son contact, doit l'avoir desséchée.

Cela fait, faisant construire sur ce moule une canule soit d'argent, soit de platine, il est sûr que lors de son application (3e temps de la méthode), elle pénétrera facilement et remplira exactement les courbures du canal ; une mouche de taffetas gommé est appliquée sur l'ouverture qui ne tarde point à se cicatriser.

En associant les deux modes de dilatation , la méthode mixte fait disparaître la plupart des inconvénients inhérents à chacun d'eux et profite de leurs avantages.

En employant primitivement les bougies, on rend graduellement au canal ses dimensions normales. Leur pression ménagée et croissante dissipe les engorgements de la muqueuse et l'habitue au contact des corps étrangers. Dès lors on n'a plus à craindre les déchirures , les éclats du canal et les accidents inflammatoires qui s'y rattachent. De plus , le diamètre du conduit des larmes étant de beaucoup augmenté, on peut introdui-- sans effort, sans violence, une canule d'un volume bien plus considérable que celle de Dupuytren. Ajoutons que la section horizontale du bout inférieur de la canule, prévient les déchirures et les perforations souvent observées; que sa forme rend les déplacements plus difficiles , et enfin : qu'étant d'un diamètre énorme , elle est moins sujette à se déformer , à s'oblitérer par la stase des liquides épaissis et par la pénétration des fongosités de la muqueuse.

Comme le professeur de la Pitié , nous admettons que la méthode mixte a des avantages incon-

testables, comme lui nous croyons que son procédé peut avoir et qui plus est, doit avoir des succès réels : mais nous devons à la vérité de dire
que plusieurs fois nous l'avons vu échouer, non
pas dans son exécution, mais bien dans ses résultats. Ainsi, malgré la forme de la canule qui
comme nous l'avons vu, est identique aux différentes courbures du canal, nous avons observé
un malade qui dans les efforts qu'il faisait pour
expulser quelques mucosités adhérentes aux parois nasales, la chassa au dehors. Chez un autre,
elle a produit des accidents tels, que l'on a été
forcé d'en faire l'extraction ; enfin, la cicatrice
nous a toujours paru déprimée et difficile à obtenir. Est-ce à dire que ce moyen n'est point bon ?
Que les avantages spécifiés plus haut sont illusoi-
res ? Je ne le crois pas ; seulement, comme tous les
procédés à canule, il a le désavantage de laisser
au milieu des tissus un corps étranger, qui n'est
pas toujours toléré.

En regard de cette méthode, je vais en décrire
une autre, qui comme elle peut prendre le nom de
combinée, c'est celle du professeur Pugliati, de
Messine; ce chirurgien, comme dans la méthode
ordinaire, incise le sac ou agrandit l'ouverture s'il
en existe une ; puis lorsqu'il a vidé le réservoir des
larmes des mucosités qu'il peut contenir, il enfonce dans le canal, au moyen d'un stylet, des
boulettes de charpie. Lorsque cette espèce de tam-

14

ponnement est arrivé jusqu'à l'ouverture supérieure, il applique un bandage destiné à maintenir l'appareil.

Ce premier temps analogue à celui qu'employait Woolhouse avant de procéder à la perforation de l'unguis, a pour but, non pas ici d'arrêter le sang, mais bien de susciter dans les parois que tapisse la muqueuse, une inflammation suppurative.

Les boulettes de charpie sont maintenues dans le canal pendant trois jours, au bout de ce temps M. Pugliati les enlève avec une petite pince et commence alors le troisième temps, un fragment de nitrate d'argent de o,o5 à peu près, est introduit dans l'intérieur même du canal. On répète chaque jour cette introduction, et l'auteur assure que dans un intervalle de quinze à quarante jours, la maladie a cédé.

Ce troisième temps peut rentrer dans les méthodes qui ont pour but la cautérisation.

Au dire de l'auteur cette méthode est presque infaillible, il l'a vue constamment réussir; pour mon compte, je crois à son efficacité ayant constaté quelques cas de guérison. En raisonnant cette méthode, je me rend assez bien compte du mode d'action du caustique; je crois qu'il agit autant comme escharotique, que comme modificateur de la muqueuse, que son application répétée détruit toute la partie muco-fibreuse du canal, et qu'alors au lieu d'avoir un canal naturel normal s'ouvrant à la place habituelle, on produit un orifice excréteur nouveau, qui s'ouvre dans le méat moyen.

Après avoir réfléchi sur les différentes méthodes : après avoir constaté par l'observation rigoureuse des faits, leurs insuccès fréquents, et les récidives dans le plus grand nombre des cas, nous avons proposé une nouvelle méthode dont nous allons donner la description.

Ayant constaté, dans la pratique des Thébîb arabes, les heureux résultats qu'ils obtiennent par l'application du feu dans plusieurs maladies, je me suis demandé s'il n'était pas possible, en combinant la dilatation graduelle au feu, d'obtenir une guérison plus prompte et plus durable dans une affection opiniàtre, et sujette quatre-vingt fois sur cent, à des récidives. Voici notre procédé : après avoir pratiqué l'ouverture du sac, on introduit un stylet qui permet à l'opérateur de s'assurer des degrés de rétrécissement du canal, et on termine la première opération en y introduisant une corde à boyau, qu'on laisse en permanence ; tous les jours on renouvelle cette corde en l'augmentant graduellement, et en la remplaçant au bout de quelques jours par une bougie en cire. Dès que la dilatation paraît suffisante, on prend un fil de fer et l'on donne à son extrémité inférieure la forme, la direction et le calibre de la dernière bougie retirée du canal. Après avoir fait rougir à blanc l'ex-

trémité de celte sonde à *canule*, on l'implante dans
le conduit nasal, et on la retire avec vitesse; afin
d'empêcher la sonde d'aller trop profondément
au delà de l'orifice inférieur du canal, on la plie
préalablement au niveau de la partie supérieure
de la canule; en un mot, on fait comme une espèce
de mandrin dont la partie horizontale est saisie par
l'opérateur, et la partie verticale formée par la
canule, est destinée à glisser dans le canal. Quant
au traitement consécutif, on emploie des compresses froides pendant la période de réaction, et
lorsque l'eschare est tombée, on introduit dans la
plaie une mèche imprégnée d'onguent escharotique ou bien de henné, ainsi que le font avec succès
les arabes dans le pansement des blessures d'armes à feu; pour empêcher la production des bourgeonnements, après la chûte de l'eschare, on laisse
à demeure pendant cinq ou six jours une bougie
ayant le diamètre du canal, et après avoir retiré
cette bougie, on termine le traitement en provo-
quant la cicatrisation de l'orifice supérieur. On
voit qu'il s'agit encore ici d'une méthode *mixte*,
mais plus expéditive et plus rationnelle que les
précédentes et dont les succès doivent être plus
fréquents et plus durables.

§ II.

OPHTHALMIES ÉPIDÉMIQUES.

Parmi les organes qui sont le plus promptement affectés par les variations atmosphériques, et qui subissent d'une manière plus directe l'influence fâcheuse des miasmes et des effluves, il faut placer en première ligne l'organe de la vue. Ces effets sont tellement sensibles en Afrique, qu'on a observé, surtout à Alger, que les émanations marécageuses attaquent quelquefois de préférence l'œil sans fièvre et sans aucun trouble dans le système général.

En parlant de l'ophthalmie d'Afrique, nous avons exposé avec détail ses différentes périodes, les symptômes propres à chacune d'elles, le pronostic, la marche, la durée et la terminaison ; nous ne nous occuperons ici que des caractères principaux qu'ont présentés ces ophthalmies pendant leur phase épidémique dans les principales villes de l'Algérie.

§ III.

OPHTHALMIE ÉPIDÉMIQUE DE CONSTANTINE.

Les premiers cas d'ophthalmie épidémique se sont manifestés à Constantine, dans le mois de

mars 1839; la maladie a continué pendant les mois
d'avril et de mai, et c'est à cette époque qu'elle a
atteint son plus haut degré de développement et
d'intensité; le nombre des malades s'élevait à près
de deux cent. Quelques militaires fiévreux ou
blessés qui arrivaient à l'hôpital sans être affectés
de cette ophthalmie, la contractaient deux ou trois
jours après leur entrée dans les salles.

Symptômes. — Douleurs pongitives à la région
sus-orbitaire ; photophobie ; sensation analogue à
celle produite par des grains de sable entre la paupière et l'œil, rougeur très intense à la conjonctive, chémosis, écoulement abondant de larmes
devenues muqueuses, acres, etc. ; paupières agglu-
tinées le matin, douleurs au front s'irradiant aux
tempes et dans les deux machoires ; insomnie, etc.
Dans quelques cas, vingt-quatre heures après l'invasion du mal, il est survenu une inflammation
très intense dans tout le globe de l'œil qui a présenté tous les symptômes de l'ophthalmie phleg-
moneuse. Cette ophthalmie a été de courte durée;
très souvent elle s'est terminée par la résolution,
quelquefois elle a été accompagnée d'édème des
paupières, de ramollissement, d'ulcères de la cornée et d'iritis consécutives ; dans un seul cas la cécité a été complète, des leucomas incurables s'étant
formés sur les cornées.

Causes. — 1° Les effluves ; les maladies régnantes
qui offraient à cette époque un caractère intermit-

tent; car, l'inflammation de l'œil et de ses annexes,
de même qu'un grand nombre de ses affections
inflammatoires, sont susceptibles d'offrir des phénomènes d'intermittence marqués. Les symptômes
intermittents dans les ophthalmies se reproduisent à des époques éloignées ou à des époques
fixes, ou bien avec une intermittence complète
d'un ou de plusieurs jours. Dans les premiers cas
la maladie offre moins de gravité, parce que l'on
peut presque toujours en calculer la durée et en
arrêter le cours; tandis que lorsque les accès se
sont développés à plusieurs reprises et à des intervalles fixes et rapprochés, on perd un temps pré-
cieux et l'on affaiblit souvent le malade par un traitement énergique, quelquefois exagéré, en ce que à
chaque accès, on se croit obligé de combattre une
maladie en récrudescence, tandis que l'on n'a affaire
qu'à un accès fixement périodique à type varié. Les
inflammations intermittentes des yeux se lient en
Afrique à un état saburral des voies digestives.

Ces considérations ont d'autant plus d'importance, que les ophthalmies intermittentes sont en
général beaucoup plus fréquentes qu'on le croit,
on ne saurait même les négliger sans compromettre gravement l'organe visuel.

Les fièvres intermittentes sont très communes
à Constantine, elles se compliquent fréquemment
d'ophthalmies; dans l'épidémie de 1839, ces fièvres
ont aggravé l'affection oculaire pendant les accès;

dans leurs intervalles, tantôt, et le plus souvent,
elles conservaient en partie le surcroit d'activité
qui leur fut imprimé par l'accès , tantôt aussi elles
rentraient tout à fait dans les conditions morbides
qu'elles avaient présentées au début; il a fallu dans
ces cas, traiter à la fois , et la fièvre et les ophthalmies. Cette dernière maladie a affecté de préférence les militaires, cependant à cette même époque, plusieurs familles françaises, en ont été atteintes depuis le père et la mère jusqu'aux plus
petits enfants. En dehors de ces époques épidémiques, il y a toujours à Constantine un nombre
proportionnel d'ophthalmies beaucoup plus grand
qu'en France ; elles sévissent principalement dans
le mois d'octobre, saison durant laquelle on peut
compter dans cette ville de sept à huit cents fiévreux au moins.

Il y a quelques circonstances locales qu'on peut
aussi mettre au nombre des causes qui produisent l'ophthalmie ; ainsi par exemple, plusieurs
rues de Constantine sont très étroites , d'autres
sont larges ; en sortant de l'une pour entrer dans
l'autre, on passe d'une température basse à une
température élevée, d'un milieu obscur à un milieu vivement éclairé, autant par la lumière directe,
que par la réflexion des rayons solaires sur le pavé
qui recouvre le sol. Ceux qui ne sont pas habitués
à vivre en Afrique , éprouvent en fixant les yeux
sur le pavé, une sorte de cuisson, une chaleur brû-

lante qui les force, sans qu'ils s'en rendent compte,
à lever la tête ou à fermer les yeux. Le degré de
lumière dit Beer, qui convient à l'œil d'un africain, détruirait celui d'un européen, et la même
lumière que la pupille d'un adulte supporte sans
le moindre inconvénient, exciterait dans l'œil d'un
enfant nouveau-né, une ophthalmie purulente par
laquelle un si grand nombre d'enfants sont privés
de la vue dès les premiers jours de leur existence.

Une autre cause de maladies d'yeux parmi les
soldats de Constantine, c'est l'état incroyable de
dégradation et de misère où se trouvent les casernes. Les soldats sont entassés dans des chambres
longues et étroites où ils se disputent un petit volume d'air infect. Souvent ces chambres n'ont ni
portes ni croisées et l'air qui s'introduit par de petites ouvertures, leur apporte en même temps et
les émanations des fosses d'aisance, (chose incroyable pour qui n'a pas été à même d'observer
ce qu'elles peuvent être dans une caserne), et des
abaissements subits de température, qui suffisent
à déterminer des maladies d'yeux très graves.

Les Arabes se tiennent tellement en garde contre le refroidissement de la nuit, qu'ils ne se couchent jamais sans se couvrir les yeux et tout le visage du haik s'ils sont chez eux, et du capuchon
de leur bournous s'ils bivouaquent en plein air.
Ce manque de précaution ainsi que la suppression
de la transpiration, sont les causes de la plupart

des ophthalmies de nos soldats. Ce qui s'est passé
dans un autre pays ou l'ophthalmie fait aussi de
grands ravages, confirme la vérité de ces remarques. En Belgique, d'après le relevé statistique de
M. Florent Cunier, (1) sur 1789 soldats affectés
d'ophthalmie, 1143 en attribuent la cause déter-
minante, 1° à ce que pendant les marches et les
exercices ayant déposé le sac, ils avaient *gagné le
froid*; 2° à l'action de l'air libre qu'ils avaient
éprouvée en sortant de leurs corps de garde bien
chauffés, et enfin, à ce que, en rentrant au quartier,
ils avaient mis habit bas et ouvert les fenêtres de
leurs chambres, tandis qu'ils étaient encore en
sueur.

Quant aux émanations des fosses d'aisance, il
suffit de voir tout ce qui se passait autrefois à Paris
pour se convaincre de leur influence nuisible sur
l'organe de la vue. L'ophthalmie méphitique ou
des vidangeurs était autrefois excessivement commune dans cette ville; maintenant elle l'est beaucoup moins, grâce à la nouvelle construction des
fosses et aux nouveaux procédés employés pour
leur curage. Dans nos recherches sur l'ophthalmie
méphitique, nous avons prouvé combien cette maladie devait être plus fréquente lorsqu'on enlevait
sans précaution des matières animales putréfiées.

Je ne saurais trop insister sur les précautions à

---

(1) *Bulletin médical Belge*, 1838.

prendre dans le curage des fosses et dans leur construction, et surtout dans leur emplacement, qui doit être le plus loin possible des dortoirs des casernes et des établissements publics. Les observations suivantes prouvent que la négligence de ce précepte important d'hygiène suffirait seule pour produire un grand nombre d'ophthalmies.

Dans le mois de Juin 1840, à l'occasion d'une ophthalmie catarrhale simple qui a régné dans les salles d'asile de la ville de Paris, ayant été chargé par le comité central d'instruction primaire d'inspecter ces salles pour l'indication des moyens de prévenir la propagation du mal et pour la désignation des remèdes à y apporter, j'ai observé que le chiffre des enfants affectés d'ophthalmie était très élevé dans quelques asiles (ceux de la rue du Pont-de-Lodi et du quai d'Anjou, par exemple) où les latrines étaient construites d'après l'ancien système et se trouvaient très près des préaux et des classes. Dans d'autres asiles, au contraire (celui de la rue de L'homme Armé), l'épidémie n'a pas eu lieu ; les maux d'yeux, qui étaient très fréquents dans cet établissement jusqu'en 1833, ont cessé depuis cette époque. Leur disparition coïncide avec le déplacement des latrines qui ont été transportées du préau au jardin. Ainsi, dans mon rapport à l'autorité municipale, j'ai indiqué l'hydro-sulfate d'ammoniaque qui s'exhalait de ces latrines comme une des causes principales de la production et de

la propagation du mal. Dans une épidémie d'ophthalmie égyptienne, qui a fait des ravages à Palerme en 1824, on a observé, dans l'inspection
faite par le lieutenant-général marquis Nun-
ziante (1), que soixante-dix militaires couchés dans
la même caserne ont été affectés de cette maladie
à cause des vapeurs ammoniacales qui s'exhalaient
des latrines de bois (sortes de chaises percées) qui
étaient dans les dortoirs.

Un jeune homme de 17 ans arrive à l'hôpital de
Bordeaux fermant les yeux, baissant la tête, fuyant
la lumière. Il se plaint de vives douleurs dans les
yeux et dit qu'il a travaillé toute une nuit aux vi-
danges clandestines. M. Moulinié soupçonne l'influence des gaz qui émanent des fosses d'aisance,
et présume que l'irritation doit dépendre de l'ammoniaque : il prescrit des lotions avec de l'eau et
du vinaigre. A peine ces lotions sont-elles faites,
le malade n'éprouve plus de douleurs; il ouvre les
yeux, supporte sans peine la lumière et se trouve
guéri. Trois jours après, se présente un homme de
trente ans poussant des cris affreux; il s'enfonce
la tête sous la couverture pour se soustraire à
l'impression de la lumière; interrogé sur la cause
de ses souffrances, il répond qu'il a travaillé pendant la nuit à vider des fosses d'aisance. Aussitôt

(1) Rapport sur l'ophthalmie des troupes napolitaines à Palerme ; par le
docteur Pl. Portal. Naples, 1835.

on a recours aux lotions avec l'eau vinaigrée; les douleurs cessent à la minute et le malade recouvre la faculté de voir (1).

Des névroses oculaires sont aussi quelquefois le résultat de ces exhalations; il y a quelques mois, j'ai donné des soins à une dame affectée de nyctalopie (vision nocturne) par suite des émanations d'une fosse de la rue du Cœur-Volant. Je pourrais citer une foule d'exemples de ce genre; mais ce que je viens de dire suffira, sans doute, pour fixer l'attention de l'administration du corps du génie chargé des constructions des établissements de l'Algérie.

Citons enfin comme une des causes de l'ophthalmie parmi les soldats d'Afrique l'encombrement : ainsi, par exemple, le règlement militaire donne comme mesure d'espacement entre les lits quarante centimètres. Or, à Constantine et dans quelques autres localités de l'Algérie où des casernes neuves n'avaient pas été construites, il n'y avait pas même *six centimètres*, ce qui comporte à peine quatre à cinq mètres cubes d'air par homme!

Nous nous serions refusé à croire ces détails, s'ils ne nous avaient pas été donnés par des médecins honorables dont il nous est impossible de suspecter la bonne foi; et si depuis nous n'en

---

(1) *Bulletin médical du Midi* ; juillet 1838. *Journal des connaissances médico-chirurgicales ; sixième année.*

avions pas été témoin nous-mêmes; espérons que
l'administration qui a déjà tant fait pour l'amélioration du sort de nos soldats d'Afrique portera sur
ce point sa bienveillante sollicitude.

Traitement. — Les antiphlogistiques, les purgatifs et les vésicatoires ont été employés avec succès au début de la maladie; dans la seconde période on s'est servi de collyres astringents, surtout au nitrate d'argent, et dans des cas de ramollissement de la cornée, on a eu recours aux
cautérisations avec la pierre infernale. Toutes les
fois que la maladie a résisté aux moyens sus-indiqués, on a été forcé de la combattre à l'aide du
sulfate de quinine.

§ IV.

OPHTHALMIE ÉPIDÉMIQUE DE PHILIPPE-VILLE.

L'épidémie ophthalmique de Philippe-ville eut
lieu pendant les mois de juillet, août, septembre
et octobre de l'année 1839. Pendant les deux derniers mois l'ophthalmie a été très intense; elle a
atteint les dix-neuf vingtièmes des malades qui
étaient à l'hôpital pour se faire traiter de la fièvre
intermittente ou de la dyssenterie L'ophthalmie
se déclarait habituellement deux ou trois jours
après l'entrée des malades dans l'établissement.

Les symptômes ont été les mêmes que pour

l'ophthalmie de Constantine. Quant aux causes, il faut citer principalement le *sirocco* et le vent du désert qui, dans cette saison, ont soufflé violemment, la fraîcheur des nuits et l'encombrement. Les malades, avant la construction du bel hôpital de cette ville, étaient couchés dans de mauvaises baraques sur de petits tréteaux à la distance de douze pouces du sol ; ils étaient, en outre, dévorés par une multitude de petites puces qui contribuaient à exaspérer les symptômes du mal.

En ville, les personnes affectées d'ophthalmie ont été dans les mêmes proportions. Outre les causes générales sus-indiquées, il faut ajouter les grandes constructions qu'on faisait dans ce nouveau pays, le remuement sur une grande étendue d'une terre vierge, les matières qu'on employait dans ces constructions, et qu'un vent chaud élevait dans l'atmosphère et transportait dans les yeux des ouvriers et des habitants.

Traitement. — Vésicatoires, pilules de calomélas à l'intérieur, sangsues sur la muqueuse du dedans des paupières ; ce moyen exaspérait le mal, les malades s'en sont plaints et on a dû y renoncer. En général, peu d'émissions sanguines. Vers la fin de la maladie, on a employé avec succès les collyres astringents, la pommade de Régent, le collyre sec de Dupuytren, et dans quelques cas de varicosité et de turgescence des vaisseaux on a eu recours aux scarifications de la conjonctive.

Malgré tous ces moyens, le tiers des malades ne
s'est guéri que lorsque la fièvre ou les maladies
principales avaient disparu. L'ophthalmie, quelquefois, reparaissait sans fièvre, et elle ne dispa-
raissait que par l'usage des antipériodiques ; de
même que la fièvre, l'ophthalmie a présenté le type
rémittent et intermittent.

Phénomènes consécutifs. — Deux yeux fondus sur
la totalité des malades ; taches sur la cornée. M. le
docteur Lodibert, médecin en chef de l'hôpital, a
observé que sur mille malades, deux ou trois pour
cent ont eu des taches sur la cornée. Dans plusieurs cas, il y eut hernie de l'iris ; ces hernies ne
perçaient que la lame la plus interne de la cornée,
et à l'aide des astringents ou d'un collyre de bel-
ladone, l'iris se dégageait un peu du petit sac her-
niaire, la hernie diminuait de volume, mais la
pupille restait quelquefois déformée. En ville,
comme dans les hôpitaux, il y eut quelques yeux
de perdus et des taies sur la cornée.

Races. — Des européens ; il ne s'est présenté à
l'hôpital aucun indigène.

Ce qu'il y a de plus remarquable dans la relation
historique de l'ophthalmie qui a régné épidémiquement à Philippeville, c'est l'effrayante rapidité
avec laquelle la maladie oculaire était contractée
par les personnes qui entraient à l'hôpital, pour se
faire soigner d'une fièvre ou d'une dyssenterie.
Pour nous ces faits ne nous étonnent pas ; car il

suffit de jeter un coup d'œil sur ce qui se passe à
Paris même, pour trouver des observations analogues. Prenons pour exemple l'Hôpital des Enfants et les salles destinées aux ophthalmies. Depuis sept ans que je dirige un établissement destiné
aux maladies des yeux, j'ai eu lieu de voir *plus de
cent* jeunes malades sortis de cet hôpital avec la
fonte purulente des yeux, et il n'y a pas longtemps
j'ai donné des soins à une petite fille, nommée
Adine Vérité, de Paris. Cette malheureuse enfant,
âgée de cinq ans, était entrée à l'hôpital avec une
gourme et des croûtes laiteuses sur les paupières;
les yeux étaient *parfaitement sains*. Pendant son
séjour à l'hospice, l'œil droit a été affecté de l'ophthalmie purulente des nouveaux-nés : sa mère s'é-
tant aperçu de cette maladie, que l'enfant n'avait
pas en entrant à l'hôpital, l'en retira au bout
de dix jours, pour la faire soigner en ville. Elle
me fut adressée par M. le docteur Hatin. Lorsque
je la vis pour la première fois, l'ophthalmie était à
sa troisième période, l'œil, encore envahi par l'inflammation, présentait les phénomènes suivants :
sécrétion purulente très épaisse, douleurs violentes, aspect fongueux de la conjonctive, cornée
désorganisée et staphylomateuse, etc. Après un
traitement interne et topique convenablement appliqué, la pyorrhée a cessé, les conjonctives ne
présentent que de légères granulations, la cornée
est un peu aplatie et le staphylôme s'est affaissé

15

complètement ; car on sait que les staphylômes
aigus , par suite de l'ophthalmie purulente des
nouveaux-nés , disparaissent très souvent , sans
qu'on soit forcé de recourir à l'excision ou à la
cautérisation. La cornée, quoique très opaque,
présente néanmoins à sa circonférence un cercle
assez transparent pour laisser l'espoir de pratiquer
plus tard une pupille artificielle. Toujours est-il
que l'enfant, entrée à l'hôpital avec des yeux bien
portants, en est sortie borgne.

Un fait isolé comme celui dont nous venons de
donner l'histoire, n'aurait aucune importance , s'il
ne se répétait fort souvent et si la cause qui le
produit ne datait pas de si longtemps ; mais, ainsi
que nous l'avons dit plus haut, nous avons observé des faits analogues depuis sept ans. La cause
en est très bien indiquée dans la lettre adressée
par les honorables médecins de l'hôpital des enfants à MM. les administrateurs des hospices.

« Les salles destinées aux ophthalmies) est-il dit
dans cette lettre) sont sous les toits ; exposées par
conséquent à une chaleur brûlante pendant l'été ,
elles sont froides pendant l'hiver. La salle des filles
surtout est une espèce de grenier à foin , où les
enfants sont placées dans des circonstances plus
propres à développer les ophthalmies que favo·
rables à leur guérison..... Les mauvaises dispositions des salles des ophthalmies , dans la division
des garçons et des filles, sont telles qu'il s'y déve-

loppe presque tous les ans une blépharophthalmie épidémique et contagieuse, qui non seulement fait les plus grands ravages parmi les enfants, mais atteint aussi les filles de service et les religieuses, dont plusieurs sont devenues aveugles. »

En vérité, cette incurie est incroyable de la part d'une administration très éclairée, ayant à sa disposition des ressources immenses, et recevant tous les ans des legs de plusieurs centaines de mille francs. Mais, pour faire la part de chacun, est-ce aux administrateurs seulement qu'il convient d'attribuer l'abus dont nous venons de parler? Nous ne voulons jeter le blâme sur qui que ce soit, et nous rendons justice au zèle comme au talent des médecins de cet hospice; mais il est impossible de ne pas se demander pourquoi ils ont attendu jusqu'à ce jour pour signaler l'épidémie ophthalmique, qui se développe *tous les ans*, par suite de l'insalubrité du local? Comment, dans un pays où mille moyens de publicité existent pour signaler un abus, où l'on est sûr de rencontrer toujours la sympathie du public, toutes les fois qu'il s'agit de malheureux malades qui vont chercher du soulagement ou la guérison dans un hôpital, comment, dis-je, une incurie si grande a-t-elle pu se prolonger pendant plusieurs années? Nous connaissons des pays despotiques, où toute espèce de publicité est interdite, où la pensée seulement d'une humble plainte contre l'administration est un crime, eh

bien! dans ces pays-là le médecin qui conserve
encore quelque dignité de sa profession proteste,
en pareil cas, et si ses plaintes ne sont pas écoutées
il se retire ; c'est la ressource des faibles, il est
vraie, cependant il arrive que ce moyen simple,
mais significatif et désintéressé, donne pour résultat la considération professionnelle et souvent des
réformes utiles.

Et d'ailleurs, les nombreuses mères qui restent
désolées par la perte des yeux de leurs enfants,
croyez-vous qu'elles en accusent l'incurie de l'administration? Croyez-vous qu'elles cherchent la
cause de leurs malheurs dans l'insalubrité du
local, dans l'impossibilité de mettre à exécution
les prescriptions du chef de service? Non, certainement, tout le blâme retombe sur les médecins (ce
que nous disons est historique), particulièrement
sur le médecin de la salle ; car c'est lui qu'elles
nomment incessamment dans leurs plaintes.

§ V.

OPHTHALMIE ÉPIDÉMIQUE D'ALGER.

Une ophthalmie épidémique a régné à Alger dans
l'année 1840; les premiers cas se sont manifestés
dans le mois de mars, la maladie a pris un grand
développement dans les mois de juin et juillet;
elle a diminué insensiblement vers l'automne. La

plupart des personnes qui avaient éprouvé des influences marécageuses en ont été atteintes, soit à l'hôpital, soit en ville.

Les symptômes, la durée, la terminaison, les causes et le traitement de cette ophthalmie ayant été, en tout, pareils à ceux que nous avons énumérés en parlant des épidémies de Constantine et de Philippeville, nous nous dispensons de les répéter ici, et nous nous bornerons à dire quelques mots sur un caractère particulier qu'on a observé à Alger pendant la durée de l'ophthalmie épidémique, nous voulons parler de la sclérotite, ou *ophthalmie rhumatismale*. Ne nous étant pas trouvé à Alger, à l'époque de l'épidémie, nous avons demandé quelques renseignements à cet égard à M. le docteur Méardi, médecin en chef de l'hôpital civil ; la relation qu'il nous a donnée, et les observations que nous avons faites nous-mêmes sur les cas d'ophthalmie rhumatismale rencontrés chez quelques juifs de Constantine et parmi quelques colons de Bone qui travaillaient habituellement aux environs de la Seybouse, nous ont confirmé ce que nous avions déjà écrit sur les signes diagnostiques différentiels des ophthalmies ; c'est-à-dire que la spécificité des ophthalmies rhumatismales et arthritiques ne nous étant pas suffisamment démontrée, nous préférons la rejeter du cadre des ophthalmies spécifiques.

Sans doute, l'œil étant formé d'un tissu sclé-

reux très résistant, entouré d'aponévroses préor-
bitales, il doit se produire dans ses parties une
inflammation analogue à celle que l'on rencontre
dans les tissus fibreux des articulations et dans les
gaines tendineuses. Mais vouloir admettre dans
l'ophthalmie rhumatismale une nature spécifique,
lui refuser un caractère inflammatoire, attribuer
à la spécificité la forme et l'injection des vaisseaux (*cercle arthritique*), ce qui n'est qu'une simple disposition anatomique, cela nous paraît contraire à l'expérience; cependant ces idées ont été
admises par des hommes comme Beer, Lawrence,
Mackenzie, Jaegre, Bénedict, etc. Pour nous, nous
sommes convaincus que les phénomènes qui accompagnent les ophthalmies dites *rhumatismales*,
se rattachent à l'inflammation du système fibreux,
et ne se comportent pas autrement dans l'œil que
lorsque l'inflammation fibreuse a lieu partout ailleurs que dans cet organe.

Voyons par exemple ce qui se passe dans l'ophthalmie épidémique d'Alger, et ce qui se passera
partout ou règne une épidémie ophthalmique. La
même cause, supposons le principe marécageux,
affecte les yeux de trois individus différents; le premier a une conjonctivite catarrhale, le second a une
kérato-conjonctivite à périodes marquées d'intermittence, et le dernier une sclérotite ou ophthalmie rhumatismale; or, si d'après un principe de
pathologie généralement admis, la nature d'une

maladie n'est constituée que par la nature de la
cause qui l'a déterminée, comment se fait-il que la
même cause ait produit sur le même organe une
maladie spécifique et deux autres qui ne le sont
pas? car je ne pense pas que les partisans de la
doctrine dont nous parlons, veuillent considérer
comme spécifique, une simple rougeur de la conjonctive et une légère inflammation de la cornée.
N'est-il pas plus logique de dire que la même cause,
dans des circonstances différentes et d'après la prédisposition particulière des individus, a affecté tantôt un tissu de l'œil, tantôt un autre, et que l'inflammation de chaque tissu a présenté les caractères physiques qui lui sont propres?

Voici du reste les symptômes principaux qu'on
observe dans l'ophthalmie dite rhumatismale. Au
début de la maladie, la conjonctive paraît saine;
la sclérotique est recouverte d'un grand nombre
de petits vaisseaux capillaires, que l'on distingue
par leur direction rectiligne, et leur concentration
uniforme vers la cornée. Leur couleur passe de
l'incarnat clair à une teinte plus foncée, qui com-
munique une teinte légèrement rougeâtre aux
parties environnantes: quelquefois on observe une
coloration un peu jaunâtre, attribuée par Wardrop
à la présence de la bile. Pendant que la maladie
se borne à la sclérotique, les paupières sont à l'état
normal, ce n'est que lorsque les vaisseaux de la
conjonctive commencent à être affectés que l'on

observe de petites stries d'un rouge vermillon, et c'est après l'apparition de ces stries que les paupières se gonflent.

Dès que la maladie augmente, il se forme sur la cornée de petites élévations qui, selon Beer, se changent quelquefois en ulcérations imperceptibles, sans eschares, mais qui laisseraient croire qu'au moyen d'un burin ou d'une échoppe on a enlevé de petits fragments de cornée. Au commencement de la maladie, il y a une sensation désagréable de sécheresse de l'œil; plus tard, les larmes coulent en abondance, le malade éprouve une douleur violente dans la tempe, les sourcils, le front, ainsi que dans l'œil; dans quelques cas, elles sont excessivement vives et se renouvellent au plus léger mouvement. Wordrop prétend qu'il y a peu de photophobie, tandis que Beer, au contraire, affirme que l'intolérance de la lumière est extrême; ce qu'il y a de sûr, c'est que dès l'instant que la maladie est un peu développée, l'iris devient malade et la pupille se contracte. De toutes les ophthalmies, celle qui attaque le tissu fibreux est le plus tôt accompagnée de phénomènes de réaction fébrile et de dérangement du canal intestinal. L'ophthalmie rhumatismale est ordinairement de longue durée; c'est pour cette raison qu'elle laisse presque toujours après elle des altérations visibles dans la cornée, sur l'iris et dans les milieux transparents de l'œil; elle se termine souvent par la résolution.

§ VI.

GUELMA.

M. Donzel, médecin en chef au camp de Guelma, a eu occasion d'observer un grand nombre d'oph-thalmies tant parmi les arabes de la plaine que parmi les soldats du camp. Les ophthalmies sur-venues pendant les grandes chaleurs de l'été ont presque toutes été fort graves ; quelques-unes re-vêtaient la forme blennorrhagique, et étaient sou-vent suivies d'ulcérations et de désorganisation de l'œil. Dans l'hiver de 1842, M. Donzel a eu à traiter un grand nombre d'ophthalmies catarrhales dont aucune n'a résisté à une ou deux applications de sangsues, suivies de l'emploi intérieur du calomelas associé à l'opium, et continué pendant cinq ou six jours.

§ VII.

BONE.

Depuis notre conquête, il n'y a jamais eu d'oph-thalmie épidémique à Bone. A l'hôpital de cette ville on admet pendant les fortes chaleurs de l'été des militaires affectés d'ophthalmies ; mais ces ma-ladies n'ont pas un caractère épidémique. Pendant

les épidémies de fièvres miasmatiques qui en 1833
et 1834 ont fait tant de ravages à Bone, on n'a pas
observé non plus que les fièvreux entrés à l'hôpital contractaient l'ophthalmie soit par suite de
l'encombrement, soit par l'infection miasmatique,
ce qui est arrivé à Philippeville et à Constantine.
Même parmi les indigènes, nous avons remarqué
que les ophthalmies en général étaient moins communes, et plus benignes à Bone que dans les autres
localités de la Régence. Dans la pratique civile on
ne rencontre que quelques cas d'ophthalmies catarrhales simples qui guérissent par l'usage d'un collyre
astringent. M. Moreau qui a exercé la médecine à
Bone, d'abord comme officier de santé militaire,
depuis comme médecin civil, nous a assuré qu'il
guérit promptement les ophthalmies qui se manifestent parmi les colons de cette ville, avec un
simple collyre d'eau distillée, d'extrait gommeux
d'opium et de sulfate de zinc. Ainsi donc, la ville
de Bone dont l'insalubrité était proverbiale, surtout
au commencement de l'occupation, ne renferme-
rait pas les conditions favorables au développement des ophthalmies.

§ VIII.

ORAN.

Non plus qu'à Bone, l'ophthalmie n'a jamais re-
vêtu une forme épidémique à Oran. Il y a cepen-

dant dans l'hôpital de cette ville quelques cas
d'ophthalmie pendant toute l'année; ils sont
plus fréquents pendant l'automne, au commencement de l'hiver, et aux époques de l'année ou
règnent les coliques hémorrhagiques qui sont plus
communes dans cet hôpital que dans les autres
établissements sanitaires de la Régence.

Un des phénomènes consécutifs de l'ophthalmie
dans l'hôpital d'Oran, c'est l'iritis; on pourrait dire
que les trois quarts des ophthalmiques en sont affectés; on observe aussi quelques cas de capsulite
secondaire, de synéchie postérieure, de retrécissement de la pupille et d'amaurose aiguë.

Pour ce qui regarde la pratique civile comme
dans toutes les villes de l'Afrique, à Oran les indigènes et les juifs surtout sont continuellement
affectés d'ophthalmies, qui laissent des traces souvent ineffaçables des conséquences qu'elles ont
produites. Aussi le trichiasis, l'entropion, les leucomas et les déformations de l'iris sont très fréquents parmi les maures et les juifs; et nous avons
remarqué que l'interprète en chef, juif, était affecté
d'une ophthalmie amblyopique, et l'interprète de
deuxième classe, maure, appelé Mahommed, que
monsieur le commandant supérieur a eu l'obligeance de nous accorder pour nous accompagner
dans les tribus d'Oran, a un de ses yeux perdu
complétement, à cause d'une énorme tache blanchâtre qui couvre la cornée.

Quant au traitement généralement mis en usage contre l'épidémie ophthalmique, nous l'avons trouvé rationnel et méthodique; et nous n'avons rien à ajouter à ce qui a été employé par les honorables médecins en chef des hôpitaux et des camps; nous nous permettrons seulement de leur soumettre les observations suivantes. 1° Dans un de ces hôpitaux on n'a pas assez généralisé l'emploi du nitrate d'argent fondu pour prévenir ou arrêter la marche purulente de l'ophthalmie, et le ramolissement de la cornée; dans un autre hôpital on a eu trop de confiance au séton à la nuque; ce moyen devrait être proscrit de la thérapeutique rationnelle des maladies des yeux; heureusement à Paris la plupart des praticiens les plus distingués s'en servent rarement; cette médication, en effet, dans les ophthalmies aiguës exaspère le mal, et dans les cas chroniques est souvent inutile. Quant aux vésicatoires, nous préférons les appliquer sur les paupières; mais on ne doit s'en servir que dans la seconde période de la maladie, et dans des cas opiniâtres.

Ce moyen préconisé par un médecin de l'armée expéditionnaire d'Égypte, M. Assalini est employé en France avec beaucoup de succès par M. le professeur Velpeau.

Qnant au traitement interne, comme les ophthalmies épidémiques habituellement précédent ou accompagnent la maladie, on doit débuter par l'émétique en potion selon la méthode rasorienne de 8 à 20 grains dans douze onces d'eau.

· Lorsque l'ophthalmie est périodique et provient comme la fièvre d'une infection miasmatique, on doit s'abstenir de pratiquer des émissions sanguines générales ou locales, à moins que la maladie ne menace d'envahir l'iris et les membranes profondes de l'œil; dans le plus grand nombre des cas cette médication ne ferait qu'exaspérer et prolonger le mal; nous l'avons déjà dit en faisant l'historique de l'épidémie ophthalmique de Philippe-Ville; les malades eux-mêmes en ont fait la remarque et l'on a été obligé de proscrire les saignées. Le seul remède indiqué dans ces espèces d'ophthalmies est le sulfate de quinine à l'intérieur. On peut faire usage également d'un collyre sec composé de sucre en poudre et de sulfate de quinine dont on proportionnera la dose d'après l'irritation et la rougeur de la conjonctive. Les médecins anglais se servent d'une poudre contenant une petite quantité de cette substance et prise en guise de tabac. Des collyres astringents au sulfate de zinc ou au nitrate d'argent complètent la guérison.

Les remarques que nous venons de faire sur l'inutilité et même le danger des émissions sanguines dans les ophthalmies miasmatiques nous paraissent d'autant plus fondées, que les fièvres miasmatiques qui règnent en Algérie ont un caractère asthénique; aussi l'expérience a prouvé depuis quel-

ques années qu'à l'aide d'une médication tonique
dans presque toutes les périodes de ces maladies
on a plus de succès que par les antiphlogistiques.
On a même remarqué que le délire et le coma au
lieu de céder aux saignées ne faisaient qu'accroître;
souvent lorsque ces symptômes n'existaient pas, ils
survenaient sous l'influence de cette médication.
C'est à M. Worms qu'on doit d'avoir fixé l'attention des médecins de l'armée d'Afrique sur les maladies résultant de l'infection miasmatique. Dans
un travail riche de faits d'analyse et de critique (1)
ce médecin a démontré l'influence fâcheuse des
déplétions sanguines dans ces sortes de fièvres, et
à l'époque des épidémies meurtrières qui eurent
lieu à Bone, il a proscrit les saignées locales et
générales tant dans le traitement des gastro-cépha-
lites que dans celui des fièvres d'accès; les accidents
funestes devinrent plus rares et les guérisons plus
promptes.

§ IX.

EXAMEN COMPARATIF ENTRE L'OPHTHALMIE DE L'ALGÉRIE ET L'OPHTHALMIE ÉGYPTIENNE.

L'ophthalmie catarrhale qui règne quelquefois
épidémiquement dans plusieurs villes d'Afrique,

(1) Exposé des conditions d'hygiène et de traitement propres à prévenir
les maladies, et à diminuer la mortalité dans l'armée d'Afrique. — Paris, 1838.

a-t-elle de l'analogie avec l'ophthalmie égyptienne ou l'ophthalmie purulente des armées? Presque tous les auteurs ont résolu affirmativement cette proposition ; le public aussi est généralement de cet avis, mais nous sommes en mesure, avec les faits et les observations à l'appui, de prouver le contraire.

L'ophthalmie qui règne en Algérie, disent les partisans de cette opinion, reconnaît les mêmes causes que l'ophthalmie d'Égypte ; les individus qui en sont affectés se trouvant dans des conditions à peu près analogues de climat ou de constitution atmosphérique, la maladie doit être par conséquent de la même nature.

Rien de plus simple au premier abord que ce raisonnement, mais il est cependant en opposition avec les faits.

1° *Symptômes différentiels.* —Voyons d'abord s'il y a la moindre analogie dans les symptômes. Les ophthalmies qui ont régné épidémiquement à Philippeville, Constantine, Alger, etc., offraient, comme en Égypte, une forme catarrhale, mais tellement simple et bénigne qu'on a eu à peine à enregistrer quelques cas de terminaison purulente. A-t-ou jamais observé les symptômes qui marchent avec une telle rapidité, qui fondent l'œil en quarante-huit heures? le boursoufflement, le renversement des paupières? les couches pulpeuses et blanchâtres qui couvrent la cornée ; la rupture de cette membrane peu de temps après l'invasion de la maladie? les douleurs atroces accompagnées de fièvres violentes, souvent de délire furieux ainsi qu'on l'observe dans l'ophthalmie qui règne depuis plusieurs années en Belgique? (1) Sans doute, il y a une communauté de symptômes entre les différentes périodes de l'ophthalmie catarrhale ordinaire et l'ophthalmie des armées, mais n'y a-t-il pas des différences essentielles, des signes diagnostiques particuliers qui caractérisent ces deux affections. Un médecin distingué de Paris, M. le docteur Caffe, qui a étudié avec beaucoup de soin l'ophthalmie purulente en Belgique, et qui, dans un travail publié en 1840 (2), a donné une appréciation impartiale des symptômes, des causes et des développements de la maladie, formule ainsi les caractères différentiels dont nous venons de parler. « L'ophthalmie des armées, dit-il, fait plus de ravages pendant les saisons chaudes que pendant les saisons froides et humides. Les adultes et l'âge viril en sont ordinairement les seules victimes; elle les accompagne en tous lieux, en toute circonstance, malgré l'opportunité des

(1) On croit généralement que le sixième des habitants de la Belgique, sont atteints d'ophthalmie de l'armée, ce qui à fait dire à M. Decondé, qu'on pouvait désormais désigner cette maladie plutôt sous le nom d'ophthalmie du peuple que d'ophthalmie de l'armée.

(2) Rapport présenté à M. le ministre de l'agriculture et du commerce, sur l'ophthalmie régnante en Belgique. — Paris, 1840.

moyens. Elle résiste, en Belgique, depuis plus de vingt-trois ans, et rien ne fait présager spontanément sa cessation prochaine. Elle ne porte son action que sur la muqueuse d'un seul organe, tandis que les affections catarrhales alternent souvent d'une membrane muqueuse à l'autre. Les différents degrés, les différentes périodes de l'ophthalmie catarrhale peuvent toujours être, jusqu'à un certain point, suivis et étudiés; il n'en est pas ainsi de l'ophthalmie contagieuse, dont la période d'incubation est souvent ignorée du malade lui-même, et par conséquent du médecin, s'il ne fait une sérieuse investigation de l'organe qu'il soupçonne envahi par l'infection ; rien de semblable ne se présente dans l'ophthalmie catarrhale qui toujours fait sentir manifestement ses prodromes. »

Granulations. — Dans les ophthalmies d'Egypte, lorsque l'inflammation a perdu de son intensité et que la sécrétion purulente a diminué, la conjonctive palpébrale se couvre de petits tubercules miliaires muqueux que l'on nomme *granulations;* on attribue généralement leur formation à l'hypérémie des follicules muco-géniques plus connus sous le nom de *corps papillaires.* Lorsque cette hypertrophie persiste, les granulations se durcissent, ne s'affaissent plus et laissent dans l'œil un reste de maladie qui se réveillera sous la plus légère influence. Ce caractère granuleux de la conjonctive qui manque rarement dans les ophthalmo-blen-

norrhées d'Egypte, s'est rarement présenté chez
les européens à la suite des ophthalmies épidémiques d'Afrique. Nous avons en outre examiné attentivement les paupières de quelques Arabes qui
avaient été affectés de conjonctivite purulente, et
nous n'avons pas pu observer les granulations qui
caractérisent l'ophthalmie égyptienne. MM. Carron
du Villards et Florent Cunier ont été dans l'erreur,
en admettant que *l'altération granuleuse* était fréquente chez les soldats français qui ont séjourné
en Afrique. « L'ophthalmie qui désole notre armée
(l'armée belge), dit M. Cunier, est excessivement
commune en Égypte, dans la régence d'Alger et
dans toute l'Afrique septentrionale » (1).

Hâtons-nous de rassurer notre confrère belge;
l'ophthalmie catarrhale épidémique qui règne dans
les principales villes et tribus de l'Algérie, n'a pas
de rapport avec l'ophthalmie égyptienne; ce que
nous avons dit dans les précédents paragraphes le
prouve suffisamment. On cite la présence des granulations dans une ophthalmie épidémique qui
aurait régné dans le Bélad-el-Djerid, et la pratique
des indigènes de cautériser les paupières malades
avec le nitrate d'argent; mais ces granulations
offrent-elles les mêmes caractères que dans l'ophthalmie égyptienne; se communiquent-t-elles par le
contact? si cette assertion était vraie, ne devrait-

(1) Bulletin médical belge, décembre 1838.

on pas voir dans toute l'Algérie l'affection ophthalmique se reproduire avec une rapidité effrayante,
comme en Égypte et en Belgique? ne trouverait-on
pas un grand nombre de paupières granulées, surtout chez les indigènes des villes, à cause des conditions insalubres de leurs habitations? On rencontre dans l'Afrique septentrionale, comme en
Europe, des paupières granuleuses, charnues et un
peu veloutées, par suite d'ophthalmies catarrhales
ou de kérato-conjonctivites strumeuses, surtout
chez les enfants et chez les juifs; mais on observe
rarement les granulations miliaires et contagieuses,
ce qui constitue un des principaux caractères de
l'ophthalmie égyptienne (1).

Nous dirons même plus, lorsque les granulations
existent chez des individus qui les ont contractées avant d'aller en Algérie, le séjour dans ce
pays arrête ordinairement les progrès de cette maladie. Le nommé Gandon, soldat au 23° de ligne,
est resté trois ans dans les principales villes de
l'Algérie; rentré en France, il fut attaqué d'ophthalmie avec granulations à la paupière inférieure;

(1) Les observations faites par M. Sigaut, au Brésil, et par M. Escular,
en Espagne, viennent à l'appui de notre proposition; ces médecins ont en
effet, remarqué que les ophthalmies qui font d'effrayants ravages dans l'empire brésilien et dans la province de Valence (Espagne), ne sont jamais accompagnées de granulations palpébrales. Ces faits ne suffisent-ils pas pour
prouver que l'altération granuleuse des paupières constitue un caractère
pathognomonique de l'ophthalmie égyptienne?

ayant reçu son congé, il se présenta dans les premiers jours du mois de mars 1844, à la clinique de la Pitié, pour réclamer des soins contre ces granulations. On aurait pu soupçonner qu'il avait contracté le germe du mal en Afrique; M. le professeur Bérard était disposé à le croire, mais le malade nous a assuré n'avoir jamais eu mal aux yeux pendant son séjour dans cette contrée, quoiqu'il eût couché à Constantine pendant dix-huit mois par terre, sur un sac de campagne. Nous avons recueilli des renseignements détaillés sur cet individu et nous avons appris qu'en 1857, avant d'aller en Afrique, il avait servi dans le 11e léger, en garnison à Lille en Flandre, et que se trouvant près de la frontière de la Belgique, il allait souvent dans ce pays pour acheter du tabac pour lui et pour ses camarades. Que faut-il conclure de ce fait : Gandon a-t-il contracté les granulations en Belgique? ou cette affection provient-elle d'une ophthalmie catarro-purulente qu'il a eue en France? Je ne sais; mais toujours est-il que ce militaire portait un germe granuleux sur la conjonctive palpébrale avant d'aller en Afrique, et que pendant un séjour de trois ans dans ce pays, il n'a eu ni granulations ni ophthalmies.

Les observations faites en France par M. Decaisne, médecin militaire belge, sur le 17e léger et

_____

(1) Annales d'Oculistique. — Octobre 1841.

sur les ouvriers qui travaillaient aux fortifications, viennent à l'appui de nos recherches : « j'ai visité, dit-il, les soldats du 17ᵉ léger à son arrivée d'Afrique, et le résultat de mes observations a été de constater l'absence de granulations dans ce régiment dont les hommes s'étaient trouvés soumis en Algérie à des causes plus puissantes que celles qui ont pu agir à diverses époques en Belgique, et y faire développer l'ophthalmie. Plusieurs soldats de ce corps avaient cependant été atteints d'amaurose et d'ophthalmie, ainsi qu'il était facile de le reconnaître à la présence de petites taies qu'ils portaient encore sur les cornées. Ainsi, ce régiment, après un séjour de plusieurs années en Afrique, rentrait en France sans importer la plus légère trace, soit de granulations, soit d'ophthalmies, et chacun sait cependant combien cette maladie se trouve répandue à *l'état purulent* parmi les Arabes d'Alger et de Constantine. » Les observations qu'on a faites sur le 17ᵉ léger, tout le monde peut les faire sur les différents régiments qui ont longtemps habité l'Algérie. En visitant les ouvriers employés aux travaux des fortifications de Paris, M. Decaisne a rencontré à Fontenay-sur-Bois, plusieurs moissonneurs flamands qui après la récolte, étaient restés en France pour y servir par escouades aux travaux des fortifications. Sur quinze de ces hommes il en a trouvé huit, sur les paupières desquels il vit des granulations miliaires.

Complications. — Nous avons dit précédemment
que l'ophthalmie épidémique qui a régné en Algérie, a coïncidé avec les fièvres et la dyssenterie ;
or, on a remarqué presque généralement que
l'ophthalmie égyptienne pendant sa durée, s'op-
posait à la manifestation d'autres maladies sur le
même individu. Bien plus, le typhus, les fièvres
intermittentes et la dyssenterie paraissent avoir
une faculté presque préservatrice et neutralisante
de cette ophthalmie. Ainsi, à Mayence, à Mulhau-
sen et aux environs de Magdebourg, les personnes
affectées d'ophthalmies étaient rarement malades
de typhus, et *vice versa.*

MM. Fallot, Varlez, Decondé et Florent Cunier
ont fait la même remarque pour les fièvres intermittentes et pour les dyssenteries (1). Les soldats
qui stationnaient sur les rives de l'Escaut contractaient souvent des fièvres intermittentes et des dyssenteries qui les préservaient et quelquefois même
les guérissaient des ophthalmies. Enfin, les soldats
affectés de conjonctivites palpébrales ou de granulations, suite d'ophthalmie purulente, éprouvaient
de grandes améliorations et souvent même la guérison complète, après un court séjour dans ces localités. On a expliqué de différentes manières cet
antagonisme entre la dyssenterie et la contagion
de l'ophthalmie blennorrhoïque ; MM. Vleminckx et

(1) Annales d'Oculistique, t. IV.

Van Mons (1) croient que l'action continue des causes intenses qui agissent plus spécialement sur les viscères conservateurs de l'individu, attirent vers ceux-ci la presque totalité des phénomènes vitaux, et que quelle que soit, dans une pareille circonstance, la prédisposition des autres parties du corps à être prises d'inflammation, celle-ci semble un instant ne pas pouvoir se développer; mais on la voit reparaître avec une fureur nouvelle après la disparition des causes qui concentraient les propriétés vitales sur des organes plus importants.

L'explication donnée par M. Decondé nous paraît plus rationnelle : « Je ne crois pas, dit ce médecin (2), qu'il y ait identité entre l'élément ophthalmique et l'élément typhoïde et dyssenterique, ni simple mutation de l'un en l'autre, ce qui serait admettre une sorte d'identité entre eux ou en rapprocher la nature; je crois, au contraire, que ces influences sont antipathiques; que le miasme ophthalmique peut être neutralisé par le miasme typhique ou celui de la dyssenterie; que la présence de l'un des deux derniers, dans l'économie, peut empêcher l'action du premier ou le neutraliser temporairement, s'il a déjà agi. Rappelons-nous que l'influence qui détermine l'ophthalmie, sans agir gravement, agit profondément et d'une manière

(1) Essai sur l'ophthalmie, 1824.

(2) Annales citées t. IV.

très durable, très chronique, ce qui se démontre par la longue persistance de la maladie. Les influences typhoïde et dyssentérique, bien que plus graves et compromettant toujours l'existence des malades, n'ont pas une action aussi tenace et ont une marche bien plus éphémère. En tenant compte de ces circonstances, il sera facile d'apprécier comment l'ophthalmie a pu céder sans être déracinée par le typhus et continuer après la disparition de celui-ci sa marche qui n'avait été que suspendue. »

Quoiqu'il en soit de ces explications, nous tenons seulement à constater ces faits, pour prouver que l'ophthalmie épidémique, qui a eu lieu dans nos possessions d'Afrique, s'étant souvent compliquée de fièvres et de dyssenteries, ne pouvait avoir aucune analogie avec l'ophthalmie blénnorrhoïque d'Égypte.

Contagion. — La doctrine de la contagion de l'ophthalmie égyptienne est aujourd'hui généralement admise. En examinant de bonne foi l'historique et la marche de cette maladie depuis que les armées françaises et anglaises sont revenues d'Égypte, et ce qui se passe de nos jours en Belgique, on ne comprend pas comment il y a eu un grand nombre de médecins qui aient nié la contagion de cette maladie.

Trois principaux faits sont déjà acquis à la science : 1° l'ophthalmie est endémique en Égypte;

2° elle peut se communiquer par le contact médiat ou immédiat; 3° elle a été transportée en Europe par l'armée expéditionnaire.

Dans l'ophthalmie d'Afrique rien ne peut prouver qu'il y a eu la moindre trace de contagion, et si dans quelques localités, à Philippe-Ville par exemple, plusieurs militaires entrés à l'hôpital comme fiévreux, ont contracté immédiatement l'ophthalmie, cela a été dû plutôt à la constitution épidémique régnante, qu'au contact de l'écoulement purulent. Si d'ailleurs, l'ophthalmie épidémique de l'Algérie eût été contagieuse, elle aurait fait d'immenses ravages dans un pays où tout contribuait à son développement et à sa propagation; citons seulement l'entassement, la malpropreté et les mauvaises conditions de la localité; car, ainsi que nous l'avons dit plus haut, cela eut lieu avant la construction du nouvel hôpital, et lorsque les malades étaient dans de mauvaises baraques.

Une chose nous a surpris en examinant la question des ophthalmies en Afrique; c'est que l'ophthalmie égyptienne a pu, après le retour de l'armée d'Egypte, se propager dans toutes les principales villes d'Europe, dans des climats les plus opposés et chez des peuples divers, et qu'en Algérie, où il y a presque uniformité de climat, de mœurs et de religion, un contact plus direct et plus fréquent l'ophthalmie d'Égypte n'a jamais fait de ravages. Quelques chirurgiens d'un grand mérite contestant à l'ophthalmie égyptienne un caractère spécial, distinct de l'ophthalmie catarrhale et blennorrhoïque ordinaire, nient l'importation de ce fléau en Europe après le retour de l'armée expéditionnaire.

M. le professeur Bégin, membre du conseil de santé des armées, dans un rapport sur l'ouvrage manuscrit que nous avons présenté à M. le ministre de la guerre, est également de cet avis. Nous regrettons vivement de ne pas partager son opinion, et malgré tout le respect dû à sa haute position scientifique, et nos sentiments de reconnaissance pour l'impartialité et la bienveillance avec lesquelles il a jugé notre travail, nous nous permettrons d'examiner cette question sous le point de vue historique. « L'auteur, dit M. Bégin (1), se livre à une discussion prolongée et approfondie pour démontrer que les ophthalmies, mêmes épidémiques de l'Algérie, ne sont pas de même nature que l'ophthalmie d'Égypte. Il déduit cette conclusion, d'ailleurs juste et consolante, de l'examen des causes, de l'absence des granulations conjonctivales, de la non contagion, enfin de la différence très grande dans la marche, la tenacité et surtout la terminaison plus facile et plus heureuse de la maladie dans nos possessions d'Afrique. Il n'attache avec raison, dans la production de l'ophthalmie, qu'une importance secondaire à la lumière vive et à la pous-

(1) Recueil de mémoires de médecine et de chirurgie militaires. — Vol. 44.

sière que les vents soulèvent; mais il attribue, à
juste titre, l'action la plus forte et la plus nuisible
à l'humidité, aux refroidissements, aux effluves des
marais et démontre les rapports étroits qui lient les
inflammations oculaires aux fièvres intermittentes
et même aux diarrhées et aux dyssenteries. Il est
cependant un point sur lequel nous ne pouvons pas
être d'accord avec M. Furnari. Trois faits sont, dit ce
médecin, acquis à la science : 1° l'ophthalmie est endémique en Égypte; 2° elle peut se communiquer par
le contact médiat ou immédiat ; 3° elle a été transportée en Europe par l'armée expéditionnaire. »

« De ces trois faits, le premier est incontestable ;
le deuxième n'est vrai que pour certaines formes,
certains degrés d'intensité ou certaines périodes de
la maladie ; le troisième est *entièrement erroné.* La
croyance trop facile de l'importation des maladies
est non-seulement dans beaucoup de cas une erreur,
mais encore une faute grave qui peut avoir de funestes conséquences. Pendant que l'esprit se repose
en effet sur cette idée de transmission d'une contrée à l'autre, il néglige de rechercher dans les localités, dans les conditions hygiéniques, les causes
souvent réelles de l'épidémie, qui dès-lors se per-
pétue sans que rien ne vienne attaquer ses racines.
En fait, il est erroné que l'ophthalmie qui fait des
ravages actuellement encore dans l'armée belge,
soit provenue de l'armée d'Égypte (1).

(1) L'assertion de M. Bégin, se trouve en opposition avec celle des mé-

» Avant qu'elle se montrât en 1814, chez nos voisins, des ophthalmies analogues avaient paru à diverses époques sur tous les points de l'Europe occupés par des rassemblements de troupes avec des
conditions données d'insalubrité. On l'a vue atteindre des régiments dans certaines villes et disparaître lorsqu'ils se mettaient en marche, sans
qu'elle se propageât jamais dans les pays qu'ils traversaient. C'est ce qui est arrivé en particulier pour
une grande partie de l'armée russe après 1815.
Enfin, elle est actuellement encore endémique en
Crimée, où elle atteint les troupes qui arrivent et
qui ne s'en débarrassent qu'en quittant la presqu'île.

decins Belges, dont nous invoquerons toujours l'autorité dans les questions
qui ont pour but d'éclairer l'histoire et la thérapeutique de l'ophthalmie
purulente des armées. Dans un article ayant pour titre : *l'Ophthalmie qui
règne dans notre armée a-t-elle toujours existé en Belgique ?* M. Decondé
de Liége, s'exprime ainsi : « Cette maladie ne parait avoir régné en Belgique sporadiquement, et l'ignorance complète dans laquelle on se trouvait à l'égard de cette maladie, dont *aucun fait n'était signalé dans la
science*, en est la preuve la plus évidente. Il faut bien convenir ici que ce
n'est qu'après les désastres de Waterloo, qu'on a commencé à signaler le
mal de manière à attirer l'attention, et nous croyons qu'alors il y a eu une
autre influence qui est venue donner une extension extraordinaire à un
fléau, jusqu'alors inconnu, tant il se montrait rarement. » M. Decondé termine son travail, en démontrant que le 112e de ligne, qui était en garnison
à Florence, y avait dès 1808, contracté l'ophthalmie, et que ce corps entièrement composé de Belges, qui plus tard firent partie de la nouvelle armée néerlandaise, ou retournèrent dans leurs foyers, eut, en 1811, son
dépôt à Bruxelles. Quant à la grande extension qu'a prise l'ophthalmie en
Belgique, il l'attribue avec raison au séjour qu'ont fait dans ce pays les
armées Prussienne et Anglaise, toutes deux décimées par ce fléau.

C'est avec raison que M. Wilie, inspecteur-général de santé de l'armée russe, l'a nommée ophthalmie purulente *des casernes*, etc., etc. •

Si aux yeux de M. Bégin il semble erroné d'admettre que l'ophthalmie d'Égypte ait été propagée en Europe par le retour de l'armée expéditionnaire, il nous semble, à nous, tout aussi erroné de croire d'une manière absolue, que l'ophthalmie ne reconnaîtrait d'autres causes que les circonstances insalubres des localités, et que l'expédition d'Égypte n'ait eu aucune influence sur la propagation de ce fléau.

Pour étudier convenablement la *filiation* de l'ophthalmie égyptienne, il faudrait suivre pas à pas la marche et les progrès de cette maladie, depuis la capitulation d'Alexandrie jusqu'à nos jours; mais comme des détails aussi étendus nous feraient sortir des limites que nous nous sommes prescrites dans cet ouvrage, nous allons résumer en quelques mots les notions historiques de l'apparition de l'ophthalmie dans les principales contrées où les ravages de ce fléau n'étaient pas connus avant le retour des armées expéditionnaires française et anglaise.

Nous ne nions pas que dans plusieurs villes d'Europe, il ait existé avant l'expédition d'Égypte, et qu'il existe encore aujourd'hui des épidémies ophthalmiques dues à l'encombrement, à l'insalubrité, aux habitations peu aérées, humides et mal éclairées. Cette ophthalmie ayant outrepassé les formes catarrhales simples devient purulente, contagieuse, et très souvent désorganise le globe de l'œil. Telles ont été, par exemple, 1° les ophthalmies qui ont régné épidémiquement dans les différentes localités de l'Algérie; 2° l'ophthalmie qu'on a observée dans une partie de l'ouest de la France (1) et surtout dans le département de la Loire inférieure; les ophthalmies qui éclatent sur le bord des navires qui ne font pas de commerce avec les côtes d'Afrique; 4° les ophthalmies qui se manifestent souvent, dans les prisons, dans les maisons de refuge et dans les hôpitaux des enfants. Mais quel rapport y a-t-il entre ces épidémies isolées, temporaires, se bornant à une localité et à une classe d'individus, n'offrant pas de lésions organiques secondaires qui entretiennent la maladie, qui la propagent ou qui exposent à des récidives, et ce fléau rebelle qui, contracté dans le foyer même de l'infection, a fait des milliers de victimes dans toute l'Europe, s'est propagé de proche en proche dans les différents pays et s'est, pour ainsi dire, acclimaté dans certaines localités où, malgré les sages mesures des gouvernements et les constants efforts des médecins, il fait encore aujourd'hui de nombreux ravages?

D'après tout ce que nous avons vu et lu sur cette

(1) M. Guépin de Nantes, a donné une description détaillée de cette ophthalmie, dans les Annales d'Oculistique.

maladie, il reste pour nous bien démontré que l'ophthalmie égyptienne a quelque chose de *sui generis* qui dépend de l'altération du sang. Les savantes recherches de M. Magendie ont prouvé d'une manière incontestable que les altérations dans la composition du sang déterminent des troubles considérables dans les fonctions de l'organe visuel et souvent même l'infection purulente. On sait que cet illustre physiologiste, en produisant artificiellement chez les animaux des ophthalmies très intenses par la simple défibrination du sang, est parvenu à établir les rapports qui existent entre l'altération de ce liquide et l'apparition d'ophthalmies à terminaisons presque toujours fâcheuses. « En présence des faits que nous avons recueillis, dit-il, ne pourrait-on pas reconnaître dans la production de ces maladies qui attaquent d'une manière épidémique le globe oculaire, une cause qui porterait particulièrement son action sur le sang et amènerait consécutivement à l'altération de ce liquide, de ces ophthalmies subites et en même temps si redoutables? En outre, M. Fallot et après MM. Bastings et Decondé ont remarqué que le sérum du sang tiré de la veine des militaires affectés d'ophthalmie purulente présentait une espèce de lactescence que n'offrait pas celui des autres malades en traitement à la même époque pour d'autres affections.

Ayant établi que l'ophthalmie purulente des ar-

mées a une nature spéciale et des caractères différentiels, examinons maintenant la question historique de son importation en Europe.

En parcourant les anciens ouvrages, on trouve,
il est vrai, des descriptions d'ophthalmies plus ou
moins graves, prenant tantôt une forme épidémique, se communiquant tantôt par le contact
médiat ou immédiat, mais encore une fois, avec la
meilleure volonté du monde on ne reconnaît pas
la marche, les symptômes, les périodes d'intensité,
la propagation et les suites fâcheuses qui caractérisent l'ophthalmie égyptienne. Mais ne trouve-
t-on pas également des descriptions d'épidémie
de cholérine et d'autres affections intestinales plus
ou moins graves qui avaient beaucoup de rapport
avec le choléra, et cependant qui oserait soutenir
aujourd'hui que cette maladie ne vient pas en
droite ligne de l'Asie? La question des ophthalmies
nous paraît identiquement la même. Les ravages
de cette maladie n'existaient pas en Europe avant
l'expédition d'Égypte, ou du moins nous ne possé-
dons aucune relation historique capable de prouver
le contraire. Qu'y a-t-il donc de plus rationnel que
de croire qu'elle a été importée par le retour de
l'armée expéditionnaire? Examinons les faits.

Après le retour d'Égypte, les troupes de l'expédition se sont disséminées : une partie est rentrée
en France avec Bonaparte, le reste a été en-
voyé en Italie.

Dans les différents États Italiens, l'ophthalmie égyptienne était complètement ignorée, même pendant l'occupation française, c'est-à-dire que depuis les premières conquêtes de la république jusqu'au traité de Campo-Formio, on n'avait pas pu signaler des cas d'ophthalmie. Ce n'est qu'en 1800, et après le contact des troupes qui étaient de retour d'Egypte que l'ophthalmie blennorrhoïque fit sa première apparition dans l'armée d'Italie. On l'a vue ensuite se propager et faire des ravages, tant dans les troupes que parmi la population civile à Livourne (1800), à Chiavari (1801), à l'île d'Elbe (1803), à Padoue (1804), à Parme (1806), à Milan (1807), à Florence et à Vicence (1808), et ainsi successivement depuis la Haute-Italie jusqu'à Naples et en Sicile. Dans ce dernier pays, d'après les recherches nombreuses que nous avons faites, nous avons pu nous convaincre que, malgré la grande fréquence des ophthalmies catarrhales, il n'avait jamais été question d'ophthalmie gonorrhoïque des armées. Ce furent les troupes anglaises qui d'Alexandrie se rendirent à Malte et ensuite en Sicile, qui introduisirent la maladie dans ce pays. Les soldats autrichiens et napolitains, qui occupèrent la Sicile, en furent gravement atteints à Palerme; mais les mesures sanitaires promptes et énergiques, telles que l'isolement des ophthalmiques et des granulés dans un hôpital hors de la ville, le renvoi des soldats dans

17

leurs corps longtemps après la guérison complète, non seulement empêchèrent la maladie de se propager parmi la population civile, mais on a eu la satisfaction de voir l'épidémie s'éteindre en peu de temps.

Maintenant, pour ce qui regarde la France, l'Angleterre, la Belgique, l'Allemagne, la Hollande, etc., ouvrez l'histoire, et avec un peu de patience et de bonne volonté vous trouverez partout la même filiation, partout vous rencontrerez une foule de faits dont l'examen attentif vous prouvera comment le fléau s'est propagé ou s'est éteint, selon que les localités étaient plus ou moins salubres, les troupes isolées ou en communication avec les habitants, les mesures sanitaires plus ou moins énergiques. Vous observerez toujours que les troupes de ligne ont le triste privilége de la contracter de préférence, et que dans la cavalerie, au contraire, ou la maladie est rare, ou bien elle fait peu de ravages (1). Les soldats sont-ils cantonnés, l'ophthalmie double d'intensité; pendant les marches continuelles, et les renouvellements rapides du personnel de l'armée, la maladie, au contraire, ne fait plus de progrès, les granulations guérissent promptement et la contagion s'arrête. Le typhus, la dyssenterie, le scorbut, se déclarent-

(1) Même pour les arabes nomades qui n'appartiennent à aucun corps d'armée régulière, nous avons remarqué que ceux qui montent le plus souvent à cheval, ont le moins d'ophthalmies.

ils dans un détachement, l'ophthalmie blennorrhoïque s'éteint. Cette maladie se manifeste-t-elle
dans la cale d'un navire, on attribue d'abord la
cause à l'encombrement ; mais lorsqu'on examine avec soin l'histoire du navire et de l'équipage,
on trouve dans la plupart des cas ou que le navire
a fait la traite des nègres, ou que l'équipage a eu
des communications avec des Africains affectés
d'ophthalmie. M. Gouzée rapporte (1) que le ma-
jor de Bœr, ayant été fait prisonnier par les Anglais, fut transporté aux Barbades : le vaisseau
qui devait le ramener en Europe avait servi à ramener d'Egypte des malades de l'armée anglaise.
Pendant la traversée, l'ophthalmie se déclara dans
toute sa violence ; les officiers, les matelots et les soldats en furent atteints. Le vaisseau fit naufrage sur
les côtes de Portugal ; les naufragés qui purent être
sauvés furent dirigés sur Lisbonne et logés dans
un couvent. Au bout de deux mois, plusieurs
moines de ce couvent gagnèrent eux-mêmes la maladie. Dans la plupart des vaisseaux infectés qui
servirent à transporter les troupes coloniales en
Europe, l'ophthalmie égyptienne fit également des
ravages pendant la traversée.

Il y a quelques mois à Fréetown (Sierra-Leone),
on a remarqué que les nègres débarqués dans cette
colonie étaient tous en proie à l'ophthalmie égyp-

(1) Fallot et Varlez ; Recherches sur les causes de l'ophthalmie qui règne
dans quelques garnisons des Pays-Bas.

tienne qui se communiquait avec une rapidité
effrayante parmi les habitants. L'auteur qui signale
l'apparition de cette maladie ajoute : « Ces ophthalmies ont absolument les mêmes caractères,
les mêmes symptômes que celles qui règnent en
Egypte, et ont été importées en Europe par les
troupes françaises et anglaises (1). »

Nous pourrions citer un plus grand nombre de
faits, mais ceux que nous venons d'exposer, nous
paraissent plus que suffisants pour nous faire per-
sister dans l'opinion que nous avons émise, c'est à
dire, que l'ophthalmie qui a fait des ravages dans
les différentes contrées d'Europe, est d'origine
égyptienne, parce que dans sa marche, dans son
mode de propagation, dans ses symptômes et dans
sa terminaison, elle offre des caractères différentiels avec l'ophthalmie catarrhale ordinaire ou
blennorrhoïque simple, qu'on observe dans nos
contrées et dans les établissements français de
l'Afrique septentionale. Sans doute, si l'esprit se
repose sur l'idée de transmission d'une maladie
d'une contrée à l'autre sans rechercher dans les
localités et dans les conditions hygiéniques, les
causes de sa propagation, la maladie, ainsi que le
fait observer fort judicieusement M. Bégin, se per-
pétue sans que rien vienne en attaquer les racines;
mais lorsque tout en admettant l'importation d'un

(1) Annales citées, novembre 1844.

fléau on s'occupe des circonstances occasionnelles qui l'entretiennent ou le propagent , l'opinion de l'importation des maladies ne peut pas avoir de funestes conséquences. C'est ainsi qu'on a agi en Belgique, où l'ophthalmie égyptienne s'est presque nationalisée. Quelques uns des médecins de ce pays, ont pu n'être pas d'accord sur l'origine de la maladie, mais tous, nous nous plaisons à le reconnaître, ont rivalisé de zèle et d'efforts, pour rendre l'ophthalmie moins intense dans ses différentes périodes, et moins fréquente dans son mode de propagation. (1)

Il nous reste maintenant à examiner la prétendue analogie des causes qui produisent l'ophthalmie égyptienne et celle qui règne épidémiquement en Algérie. Dans un travail lu à l'Académie des sciences le 20 mars 1838 par M. Serres, intitulé, *Instruction médicale pour la commission scientifique de l'Algérie*, l'honorable académicien s'exprime ainsi: « On sait que la cécité est très fréquente chez les Arabes; à quelle cause faut-il l'attribuer? est-elle le résultat d'ophthalmies produites par l'intensité de la lumière ou par l'action irritante des sables du désert sur le globe de l'œil? l'ophthalmie est-

(1) Les nombreuses recherches sur l'ophthalmie des armées , publiées depuis une trentaine d'années par les médecins Belges et particulièrement par MM. Fallot, Varlez, Florent Cunier, Loiseau , Gouzée, Van Mons , Vleminckx, Marinus, Hairion, Van Oosenoort, Decaisne, etc., forment le travail ophthalmologique le plus complet des temps modernes.

elle quelquefois endémique, ou épidémique comme
en Egypte? Est-elle contagieuse? La cécité ne serait-
elle pas produite par la paralysie de la rétine trop
excitée par l'intensité de la lumière? La commission pourra facilement résoudre sur les lieux la
plupart de ces questions. » La commission scientifique de l'Algérie n'ayant pas encore publié son
rapport, nous ne savons pas si ces différentes questions ont été étudiées par quelques uns de ses
membres, et si le résultat de leurs recherches se
trouve conforme aux nôtres. En tout cas, dans les
développements que nous avons donnés aux différents chapitres contenus dans cet ouvrage; nous
croyons avoir suffisamment répondu aux questions
posées par M. Serres.

Dans l'analogie des causes qui produisent l'ophthalmie égyptienne, et celle qui règne épidémiquement en Algérie, on a cru reconnaître l'analogie de l'affection, et parmi ces causes on cite en
première ligne le vent du désert, chargé de poussière très fine et brûlante; cette poussière en effet, irrite les yeux et peut donner des ophthalmies;
mais cette irritation est le plus souvent momen-
tanée, car il suffit de se laver les yeux avec de l'eau
fraiche pour ne plus ressentir de piccotement
entre le globe et les paupières; l'humidité, la chaleur, l'action d'une lumière très vive, la fraîcheur
des nuits, chacune de ces causes isolées produit, à
notre avis, plus d'ophthalmies que la poussière du
désert.

Voyons, en effet, ce qui s'est passé en Égypte à l'époque de l'expédition : on sait que quelques médecins ont voulu faire jouer un grand rôle à l'action du sable, comme la principale cause productrice de l'ophthalmie. Cette maladie faisait des ravages parmi les militaires qui étaient campés sur les bords du Nil, et aussitôt qu'ils traversaient le désert pour rejoindre leurs régiments, l'ophthalmie cessait complètement. La même observation a été faite par M. Assalini et par plusieurs autres chirurgiens attachés à la division expéditionnaire de la haute Égypte ; le nombre des personnes affectées d'ophthalmies était très considérable pendant leur séjour aux environs du fleuve ; mais en s'avançant à une cinquantaine de lieues dans le désert, pour se rendre à Cocyr, poste de la mer rouge, l'ophthalmie perdait de son intensité et se guérissait promptement. Enfin, les militaires campés près d'Élarish, fort situé près de l'isthme de Suez, ont été exempts d'ophthalmies ; cependant, les vents du midi élèvent et répandent continuellement dans l'atmosphère une grande quantité de sable, qui suffit quelquefois à obscurcir l'horizon. Or, si en Égypte, où le sable est plus fin, plus brûlant et plus fréquemment répandu dans l'atmosphère, l'ophthalmie ne peut pas être attribuée à cette cause, il est facile de se convaincre que dans l'Afrique française on a exagéré l'importance de la poussière du désert comme cause de cette ma-

ladie ; car, si réellement le sable du désert avait
toute l'influence [malfaisante qu'on lui attribue,
les ophthalmies en Afrique seraient effrayantes, et
pour le nombre et pour l'intensité du mal.

Malgré les renseignements que nous avons recueillis sur les lieux et les écrits que nous avons
parcourus, nous n'avons pas pu trouver une seule
relation historique sur quelque épidémie d'oph-
thalmo-blennorrhée égyptienne : on y parle sans
cesse de la fréquence des ophthalmies en général,
de certains cas graves, mais isolés de fonte de l'œil,
d'ophthalmies épidémiques qui, comme en Europe,
ne reconnaissent d'autres causes qu'une aggloméra-
tion d'hommes exposés à l'influence de l'humidité, des émanations délétères ou des variations
brusques de température ; mais il n'est question
nulle part d'une épidémie ophthalmique, avec la
réunion des caractères différentiels qui constituent
la maladie égyptienne.

On voit donc qu'il n'existe pas de témoignages
qu'on ait observé en Algérie l'ophthalmie blennorrhoïque des armées, qui a fait beaucoup de ravages en Europe. Avant d'émettre cette opinion,
nous avons consulté les principaux médecins qui
ont habité l'Afrique, et surtout le plus ancien
parmi eux, M. le docteur Méardi, médecin en chef
de l'hôpital civil d'Alger et qui exerçait déjà dans
cette ville du temps d'Husseyn-Dey, en qualité de
médecin attaché au consulat sarde.

§ X.

CHASSIE AFRICAINE.

Une grande partie des Européens qui habitent l'Afrique, paient un faible tribut au climat de ce pays par une petite affection oculaire que nous appelons *chassie africaine*, parce qu'elle est très fréquente en Algérie. La chassie est plus commune que nuisible; c'est plutôt une incommodité, une malpropreté qu'une maladie, et quand elle est à son plus haut degré d'intensité, tout au plus remarque-t-on les symptômes les plus simples d'une légère ophthalmie. Si nous en disons quelques mots ici, c'est que nous avons été frappé de sa fréquence en Afrique, et que nous croyons pouvoir indiquer des moyens faciles de la prévenir ou de la combattre.

La chassie consiste dans une irritation chronique des cryptes sébacés, c'est un léger catarrhe de l'œil qui altère ou accroît la secrétion onctueuse qui lubrifie cet organe. Pendant le sommeil, la matière secrétée se répand au-dedans de l'œil, s'agglomère au grand angle et agglutine les cils de telle façon, que le matin les paupières se trouvent fermées et qu'il est nécessaire de les laver avec de l'eau tiéde pour les ouvrir; dans quelques cas on a, en se réveillant, la vue trouble, à cause du mucus que le

mouvement des paupières a étendu sur la cornée.
Lorsque ce phénomène se manifeste dans la journée, la vue se trouble momentanément, et si l'on
regarde la lumière et le soleil, on les voit entourés
d'un disque chatoyant et de diverses couleurs.
Lorsque la maladie augmente, le bord des paupières s'excorie et se convertit même quelquefois
en de légères ulcérations.

Cette affection se termine souvent d'elle-même
par résolution, surtout si elle a été produite par
un coryza. La persistance des causes productrices
et un traitement peu convenable la font passer à
l'état chronique, presque toujours accompagné de
l'hypertrophie des glandes et de la muqueuse.

La chassie n'affecte pas seulement les Européens qui habitent l'Afrique, les indigènes y sont
aussi très exposés; si on va dans un Douar et qu'on
examine attentivement les yeux chez les femmes
et chez les enfants, on verra que les paupières sont
sales, chargées de petites croûtes et qu'aux deux
angles de ces voiles mobiles il y a de petits points
puriformes, qui donnent aux yeux un aspect sale
et désagréable; dans les villes, les enfants des
Maures et des Juifs y sont très sujets.

La plupart des causes qui produisent les ophthalmies, peuvent occasionner la chassie; nous citons
cependant plus particulièrement les brusques variations atmosphériques, car c'est souvent aux époques de l'année où ces changements ont lieu, que

la chassie est le plus fréquente. Pour les indigènes, il faut ajouter à ces causes, la malpropreté,
le défaut de soins et les habitations humides.

Traitement. — Rarement la chassie est assez
compliquée pour nécessiter les évacuations sanguines ; la propreté, l'éloignement des causes productrices, quelques purgatifs et l'usage de l'eau
acidulée ou de collyres légèrement astringents,
suffisent pour la guérir. Si les paupières sont ulcérées et que la maladie soit opiniâtre, il faut faire
usage de collyres ou de pommades au nitrate d'argent. Dans le plus grand nombre des cas, il ne
faut pas essayer de guérir promptement cette maladie, car la brusque suppression de l'écoulement
chassieux pourrait donner des conjonctivites et des
blépharites plus graves que le mal que l'on veut
combattre.

§ XI.

AMBLYOPIE.

L'amblyopie ou faiblesse de vue est une maladie
très commune parmi les colons et très rare parmi
les indigènes, surtout chez les Arabes de la plaine
et chez les Kabyles.

L'amblyopie est très fréquente à Constantine,
on l'observe chez des individus d'ailleurs sains et
vigoureux ; mais qui ont eu des ophtalmies plus
ou moins graves pendant plusieurs années consé-

cutives; chez ceux-là, la maladie est idiopathique; mais c'est surtout chez les sujets dont la constitution a été délabrée par des maladies chroniques, des dyssenteries prolongées et des fièvres rebelles qu'on la rencontre le plus fréquemment; dans ces cas, la maladie est symptomatique et le seul moyen de guérison consiste dans l'éloignement des causes qui l'ont produite; ce résultat s'obtient souvent par les congés de convalescence.

A Oran, comme nous l'avons dit dans un paragraphe précédent, les ophthalmies sont moins fréquentes que dans les autres villes de l'Algérie, mais les résultats consécutifs de ces ophthalmies, sont l'amaurose aiguë et l'amblyopie.

L'amblyopie affecte de préférence les employés et les militaires, nous l'avons observée chez un employé supérieur d'administration et chez un chef du service de santé militaire; dans les deux cas, elle a été la suite d'ophthalmies plus ou moins violentes que ces fonctionnaires avaient contractées en se livrant avec zèle à l'accomplissement de leurs devoirs.

Tantôt cette maladie est congestive, tantôt elle est simplement nerveuse; mais quelle que soit sa nature, il est rare de voir en Algérie cette affection se terminer comme en Europe, par l'amaurose complète, surtout parmi les indigènes.

L'amblyopie laisse ordinairement chez les colons et chez les soldats de l'armée d'Afrique, une es-

pèce de fatigue dans l'œil, le malade éprouve une
sorte de pesanteur et de tension douloureuse dans
cet organe, c'est la lassitude oculaire désignée
sous le nom de kopiopie par M. Pétrequin. Mais
les terminaisons les plus fréquentes de l'amblyopie
aiguë sont les *scotômes*, vulgairement *mouches volantes;* cet accident ne compromet pas la vision,
mais il peut gêner les malades pendant de longues
années et quelquefois même pendant toute la vie.
Nous avons connu en Afrique des colons et des officiers de tous grades qui en étaient atteints depuis longtemps, sans que leur vue se fût altérée.

Rien n'est plus variable que la symptomatologie
de cette affection; tantôt le malade voit des mouches, des gazes mobiles, des anneaux, des stries,
des auréoles éblouissantes avec franges colorées,
des flocons noirâtres ou grisâtres, demi-transpa-
rents, qui voltigent devant ses yeux; tantôt il voit
ces objets, même en fermant les paupières; dans
d'autres circonstances, se sont des brouillards et
des fantômes de toute espèce qui apparaissent devant l'œil, le fatiguent et rendent tout travail impossible, surtout le travail de cabinet. Ces objets
bizarres, représentés devant les yeux sont oscillants,
fugitifs, mais ils conservent pendant quelques
instants une fixité telle, que le malade peut les
décalquer sur le papier. Quelquefois ces phénomènes sont accompagnés de maux de tête et plus
souvent de douleurs au front et d'un sentiment de

pesanteur dans l'œil. Au commencement de la
maladie un œil seul est affecté, mais à la longue
elle finit par gagner l'autre.

Il n'est pas facile d'établir le véritable siége des
scotômes ; on les attribue généralement aux troubles et aux lésions des milieux réfringents de l'œil.
Les figures que les sujets aperçoivent sont formées,
tantôt à la surface externe de la cornée, telles sont
les ombres projetées par des gouttelettes du liquide des larmes, par le mucus que sécrète la conjonctive, par la matière sébacée que fournissent
les glandes de Meibomius, ou enfin par de petites
bulles d'air renfermées dans les humeurs ; tantôt
à l'intérieur du globe oculaire, telles sont alors les
ombres projetées par les vaisseaux eux-mêmes et
par les extravasions du sang.

Les malades sont particulièrement incommodés
par ces images lorsqu'ils veulent regarder fixement un objet quelconque ; les ombres leur apparaissent alors placées entre eux et l'objet, et jamais
par derrière ce dernier.

La rétine, en percevant ces sortes d'images, les
voit souvent plus grandes que l'objet fixé ne l'est
lui-même ; aussi, dans le commencement de cette
affection, les malades sont-ils portés à croire ces
images placées en dehors de l'œil, et ce n'est que
plus tard qu'ils parviennent à acquérir la certitude
de la formation de ces images dans l'intérieur de
l'œil lui-même.

M. Donné, à qui la science médicale est rede-
vable d'une foule de travaux sur les études mi-
croscopiques, appliquées à la médecine, a fait des
recherches spéciales sur les mouches volantes en-
visagées sous le rapport de leurs causes, de leur
nature, et des formes qu'elles affectent ordinairement. « Il est probable, dit ce médecin, que ce
sont les parties intérieures, les globules de quelqu'une des humeurs internes que l'on aperçoit dans
son propre œil; et ce n'est pas seulement parce
que nous trouvons dans les humeurs de l'œil, des
globules à peu près semblables pour l'aspect à
ceux dont se composent ces filaments que nous
émettons cette opinion. Mais où placer le siége de
ces particules, de ces filaments, lorsque nous
voyons qu'ils suivent tous les mouvements du globe
oculaire, qu'on augmente à volonté leur dimension
en regardant près ou loin dans l'espace, et que rien
de ce qui vient changer les circonstances extérieures, n'a d'influence sur leur forme et leur disposition? » M. Donné conclut qu'il faut rapporter
particulièrement le siége de ces corpuscules volti-
geants à la capsule antérieure du cristallin à l'humeur de Morgagni et au cristallin lui-même. Comme
M. Donné, nous croyons que dans quelques cas,
les mouches volantes doivent être attribuées aux
troubles et aux lésions des corps réfringents de
l'œil et surtout à l'humeur acqueuse et vitrée;
mais pour ce qui regarde le cristallin et ses enve-

loppes, nous ne sommes pas de son avis, car si le
siége des mouches volantes était réellement dans
le cristallin, les personnes affectées de cataracte
commençante, devraient en être toujours atteintes;
or, cela est contraire à l'expérience journalière.
Bien plus, lorsque les signes objectifs ne sont pas
suffisants pour distinguer une amaurose commençante, d'une cataracte, on s'en rapporte aux signes
subjectifs, c'est-à-dire aux symptômes qu'éprouve
le malade, et si l'on constate qu'il est tourmenté
de mouches volantes, on n'hésite pas à conclure
qu'on a affaire plutôt à une amaurose qu'à une cataracte; car, dans cette dernière, ou les mouches
volantes manquent presque toujours, (à moins qu'il
ne s'agisse d'une cataracte compliquée d'amaurose)
ou, si elles existent, elles se présentent plutôt sous
forme d'auréoles, de brouillards, de taches toujours
fixes, ce qui n'a aucun rapport avec les objets bizarres, mobiles et variés qu'on a désignés sous le
nom de mouches volantes.

En parlant de la myopie, nous avons prouvé que
ce vice de la vision, lorsqu'il n'était pas congénial,
ne dépendait pas toujours du bombement et de la
sphéricité des corps réfringents de l'œil, mais devait être attribué plus particulièrement aux affections de la rétine. Il en est de même des mouches
volantes; tout en admettant que l'altération et le
déplacement des globules des humeurs de l'œil
produisent quelquefois ces phénomènes, nous

avons la conviction que, dans la plupart des cas,
leur siége principal est dans les lésions partielles
des papilles de la rétine et dans l'expansion vasculaire de cette membrane.

Traitement. — Le traitement des scotômes est
long et difficile; si la maladie est le résultat d'une
affection congestive de l'œil, d'irritation ou d'éré-
thisme, il faut la combattre à l'aide de bains de
pieds à la moutarde, de légers purgatifs ou de petites saignées générales ; si elle est au contraire un
symptôme précurseur de l'amaurose, il faut employer le traitement énergique indiqué contre cette
dernière affection ; l'étude des symptômes différentiels de ces deux maladies est très important pour
bien diriger les moyens thérapeutiques qu'elles
réclament.

Les scotômes formés brusquement sont faciles à
guérir; mais lorsqu'ils existent depuis longtemps,
sans que l'œil soit menacé de goutte sereine, il est
difficile d'obtenir une guérison complète; on peut
cependant empêcher les progrès du mal à l'aide de
moyens hygiéniques qui consistent : 1° à travailler
le moins possible à la lumière artificielle; 2° à sus-
pendre momentanément son travail, même pendant le jour, si les mouches volantes forment une
espèce de gaze épaisse et noirâtre; 3° à faire souvent le matin de l'exercice au grand air, moyen qui
explique pourquoi les Arabes sont rarement affectés de mouches volantes; 4° si la maladie est le ré-

18

sultat de conjonctivites ou de rétinites chroniques, on doit, pour se préserver de l'action intense des rayons lumineux, faire usage de conserves sans foyer, légèrement colorées en bleu.

Cette précaution empêche les mouches volantes de devenir plus intenses et permet aux individus qui en sont atteints de se livrer à leurs occupations habituelles. Nous ne comprenons même pas comment en Algérie, depuis la conquête, on n'a pas songé à donner des conserves aux soldats qui ont eu des ophthalmies ou qui sont exposés à l'action d'une lumière très intense pendant les fortes chaleurs de l'été. M. le prince de Joinville, à l'époque de la guerre avec le Maroc, eut l'heureuse idée d'acheter à Cadix des conserves, et les fit distribuer à tous les soldats qui restèrent en garnison à l'île de Mogador.

Nous nous plaisons à rappeler ce fait, que nous croyons unique depuis l'occupation, pour le proposer en exemple aux chefs de l'armée d'Afrique.

Pour les militaires dont l'amblyopie et les mouches volantes sont le résultat d'une ophthalmie aiguë, il faut leur donner des congés de convalescence; ce seul moyen suffit souvent pour les guérir. On pourrait citer un grand nombre de militaires de l'armée d'Afrique, qui présentaient tous les symptômes alarmants de l'amaurose aiguë, et qui après un congé en France, de deux ou trois mois, sont allés rejoindre leur corps parfaitement guéris. **Nous ne saurions trop insister sur cette indication; car malheureusement il arrive fort souvent, que par l'incurie des employés subalternes de l'administration , des hommes auxquels on a accordé des congés de convalescence, restent quelquefois pendant deux ou trois mois avant de rentrer en France.**

CONCLUSIONS GÉNÉRALES.

I

L'ophthalmie d'Afrique est de nature *catarrhale simple;* elle présente cependant plus de gravité que dans certaines contrées de l'Europe, et se termine souvent par l'inflammation des parties internes de l'œil et par l'écoulement purulent.

II

Contrairement à l'opinion généralement admise, et à ce qui a été rapporté par les voyageurs, nous avons constaté que cette maladie n'a aucune analogie avec *l'ophthalmie égyptienne :* elle en diffère dans ses symptômes , dans sa durée , dans sa terminaison et dans les accidents consécutifs qu'elle produit.

III

Si parmi les indigènes , l'ophthalmie est plus

opiniâtre et fait plus de ravages, cela tient à la malpropreté, au manque de soins et aux traitements empiriques.

IV

Les colons qui en sont atteints, s'ils attaquent les premiers symptômes du mal par les antiphlogistiques et par des moyens dérivatifs énergiques, se guérissent en peu de temps et évitent ainsi les maladies consécutives des ophthalmies;

V

Une indisposition oculaire, qui affecte indistinctement les indigènes et les colons et surtout les enfants, c'est un léger catarrhe de l'œil, que nous avons désigné sous le nom de *chassie africaine*. Cette maladie n'est jamais grave, elle se termine presque toujours par la résolution.

VI

Le sable brûlant du désert, ainsi que nous l'avons démontré dans le cours de ce travail, a peu d'influence sur la production de l'ophthalmie : l'humidité, la chaleur excessive des journées, la fraîcheur des nuits, l'action intense d'une lumière très vive, les variations brusques de température, sont les causes principales de la maladie.

VII

Le traitement des ophthalmies d'Afrique doit varier d'après leur période et leur intensité. Comme toutes les phlegmasies en général, l'ophthalmie réclame au début la diète, le repos, l'emploi des émissions sanguines, des boissons adoucissantes et des révulsifs; dans la période chronique, on doit faire usage de pommades et de collyres astringents. Quant au traitement qui convient aux maladies des yeux consécutives des ophthalmies, nous l'avons indiqué dans les différents chapitres de ce travail.

VIII

Depuis que le soldat est mieux logé, mieux nourri et habillé plus convenablement d'après les besoins du pays, les maladies générales (fièvre, dyssenterie, etc.) l'atteignent plus rarement; l'ophthalmie en particulier ne présente plus aussi généralement la forme et les caractères épidémiques et ne frappe plus, comme dans les premières années de l'occupation, plusieurs centaines d'individus à la fois.

IX

L'objection faite par les antagonistes de la colonisation *sur le grand nombre et la fréquence d'une ophthalmie endémique en Algérie*, n'est nullement fondée. Nous pourrions citer quelques villes d'Europe où les maladies des yeux sont aussi graves et aussi fréquentes qu'en Algérie; et si les affections consécutives de ces ophthalmies n'y sont pas dans les mêmes proportions qu'en Afrique, cela est dû au traitement prompt et raisonné qu'on met en usage pour les combattre.

X

Un régime hygiénique bien indiqué réduirait, malgré la nature du climat, à un quart, le nombre des ophthalmies parmi les indigènes, et les phénomènes consécutifs qui résulteraient de ces ophthalmies, seraient moins fréquents et moins graves à l'aide d'un traitement convenablement appliqué.

XI

Quant aux ophthalmies épidémiques qui sévissent quelquefois parmi nos troupes ou parmi la population civile qui habite les localités marécageuses, un assainissement convenable suffirait pour en prévenir définitivement le retour.

XII

La cataracte, la myopie, et les maladies de l'appareil lacrymal sont très rares parmi les indigènes; l'entropion, le trichiasis, le ramollissement de la cornée et la fonte de l'œil, sont au contraire très fréquents.

XIII

L'action excessive de la lumière paraît affecter de préférence, chez les Européens qui habitent l'Afrique, le système nerveux de l'œil; aussi la rétinite, l'amblyopie et les mouches volantes sont-elles assez communes chez eux.

XIV

Si l'amaurose est rare parmi les Arabes, cela tient à la couleur et à la conformation de leurs yeux, à l'exercice au grand air, à leur manière de vivre et à la nature de leurs occupations : tant il est vrai que, dans nos grandes villes d'Europe, l'amaurose et les mouches volantes sont le plus souvent le résultat de l'éducation ou d'une cause professionnelle, comme les travaux de cabinet, l'exercice d'une profession libérale ou mécanique qui force à regarder les petits objets de très près ; enfin, la lumière artificielle et surtout l'éclairage au gaz.

XV

Les différences que nous avons remarquées dans la forme et dans le volume de l'œil chez les indigènes, dans la coloration et la densité de ses membranes et de ses humeurs, lui donnent un surcroît de force organique et d'énergie fonctionnelle, et le prédisposent à une maladie plutôt qu'à une autre.

XVI

Lorsque les ophthalmies d'Afrique coïncident avec les dyssenteries prolongées et les fièvres rebelles, les militaires éprouvent souvent les symptômes d'amblyopie et de mouches volantes; cette affection ne peut se guérir que par l'évacuation des malades et par leur retour en France pendant les congés de convalescence. Ce moyen curatif est d'autant mieux indiqué que l'amblyopie dont nous parlons est souvent accompagnée de nostalgie.

CHAPITRE VII.

MÉDECINE ET MEDECINS CHEZ LES ARABES.

Les Arabes ne possédant en aucun genre un ensemble de connaissances suffisantes pour former un corps de science, il s'en suit qu'il ne peut y avoir chez eux aucune espèce d'enseignement, si ce n'est la tradition routinière et toujours invariable par laquelle une génération lègue à l'autre ses préjugés et ses erreurs. Or, dans un pays où il n'y a pas d'enseignement, où les notions les plus élémentaires de la science de l'homme sont ignorées, le premier venu, sans aucune garantie d'aptitude et de capacité, peut impunément exercer la médecine, et la santé publique se trouve nécessairement à la merci des fanatiques, des empiriques et des charlatans. Ces trois mots résument les trois classes d'individus qui exercent la médecine en Afrique. La superstition, les absurdités de la théosophie orientale, l'influence chimérique des astres constituent leur science; les amulettes, les sacrifices aux bords des fontaines, l'emploi de méthodes empiriques, irrationnelles et souvent barbares, voilà leur pratique.

Un des plus grands bienfaits de notre conquête sera de faire sortir les indigènes de ce cercle fatal dans lequel ils tourneraient perpétuellement sans pouvoir avancer; nous leur apporterons la science que leur esprit, vicié par des croyances superstitieuses, serait à jamais incapable de constituer par lui-même.

Ces notions générales suffisent pour faire comprendre facilement que les Arabes n'ont pas, à proprement parler, d'enseignement médical; mais du moins n'ont-ils pas de médecins officiellement reconnus (1). Depuis la décadence de la médecine arabe, et surtout de la célèbre Académie de Bagdad, aucun des pouvoirs qui ont précédé notre domination en Afrique ne s'est jugé compétent pour attribuer, avec cette qualité, le droit d'exercer par privilège une profession si importante. Ne faut-il pas les louer d'avoir montré sur ce point une réserve égale à leur ignorance?

Si la médecine n'existe pas comme science chez les Arabes, en revanche, elle s'y pratique comme métier plus que partout ailleurs, et cela librement, par le premier venu, sans mission et sans titres.

MARABOUTS.

Le caractère de sainteté qu'on vénère dans le Marabout donne une grande vogue à ses talismans:

(1) Il ne serait pas juste cependant de nier d'une manière absolue l'existence de la médecine chez les Arabes, parce qu'elle ne constitue pas une science *enseignée* comme chez nous; car, partout où il y a des malades, partout où il y a des blessés, il y a des guérisseurs et des remèdes.

les purs croyants le consultent de préférence, et soit qu'il prie, soit qu'il interroge les astres, soit qu'il ordonne ou opère lui-même des sacrifices au bord des fontaines (1), soit enfin qu'à bout d'inven-tions pour distraire ses malades, il les exorcise, toujours il les renvoie pénétrés de la profondeur de son savoir et tout pleins de confiance dans ses moyens thérapeutiques ; car, malgré le fatalisme inhérent à leur religion, les Arabes accordent une grande confiance à la médecine, et c'est à tort que certains écrivains ont avancé que les musulmans craignaient de tenter la divinité en recourant à l'art de guérir. On aurait toutefois raison si on se bornait à dire que dans leurs maladies ils cherchent volontiers à s'assurer le concours de Dieu en même temps que le secours de l'art ; par là s'explique-rait la vogue du marabout, qui est à la fois le mé-decin spirituel et temporel des indigènes.

Les marabouts forment la première classe des guérisseurs. Médecins par droit divin, la science leur est encore plus inutile qu'aux autres pour obtenir du crédit sur des populations fanatiques. En cumulant les deux professions, les marabouts ne laissent pas de réaliser des bénéfices que la seule médecine de l'ame ne leur rapporterait pas.

Les marabouts forment la première classe de

---

(1) Les sacrifices aux bords des fontaines n'ont lieu que dans la pro-vince d'Alger, et ils deviennent de jour en jour plus rares ; c'est plutôt une pratique mauresque qu'arabe.

médecins, parce qu'ils sont les plus nombreux ; mais dans les contrées où il y a des hommes qui méritent véritablement le titre de thebib, les arabes malades les consultent et ne recourent au marabout qu'en désespoir de cause.

THEBIB.

La seconde classe est celle des *Thebib* (1), qui, du moins, représentent, à certains égards, des médecins. En Afrique, ce mot correspond à celui de docteur, quoiqu'il n'y ait, comme nous l'avons dit, aucun corps savant auquel il appartienne de conférer un pareil titre. Le thebib ne diffère du marabout et des autres guérisseurs que par sa science et sa capacité relatives ; du reste, il n'est pas plus autorisé qu'eux. Nous avions, tout à l'heure, le médecin par droit divin ; celui-ci l'est par droit de légitimité, car le plus souvent il a hérité de ses pères sa profession, sa clientèle, ses méthodes de traitement et ses procédés opératoires. Cette habitude d'enseigner et d'exercer la médecine dans certaines familles existait d'ailleurs chez les médecins grecs, dont les Arabes ont été les traducteurs et les commentateurs.

(1) C'est à dessein que nous supprimons l's dans le pluriel de Thebib ; les mots arabes ne peuvent prendre de pluriel en français, parce que les pluriels que nous formons changent quelquefois toute la prononciation du mot.

En général, les thebib n'ont que des connaissances théoriques confuses et bornées sur l'anatomie et la physiologie : ils confondent sous le
même nom *aroug* les vaisseaux vasculaires et les
nerfs, les muscles et les tendons. Quelques thebib
maures possèdent la traduction espagnole de Dios-
coride, mais ils s'amusent plutôt à regarder les
planches qu'à méditer le texte. Dans quelques
écoles de marabouts (Zaouïa), on trouve des livres
de médecine. Ces livres sont des espèces de for-
mulaires qui contiennent des recettes pour guérir
tel symptôme de maladie plutôt que les maladies
elles-mêmes. On voit également des livres d'anatomie et de physiologie avec planches explicatives ;
ces planches sont très grossières ; l'ostéologie est
la seule chose reconnaissable ; la circulation du
sang ou plutôt l'enlacement des divers vaisseaux
y est *magiquement* représentée. Ces livres, qui n'ap-
prennent rien à ceux qui les consultent, agissent
merveilleusement sur l'imagination des malades ;
aussi quand un malade vient consulter un Taleb
ou un marabout, ceux-ci ouvrent un grand livre,
ordinairement rongé par les vers, et le malade est
déjà à moitié guéri, car il a beaucoup de confiance
dans ce qui est écrit, et, pour lui, ce qui est écrit
vient de Dieu.

Quelques instruments souvent rouillés, un couteau pour les scarifications de feu, une boîte de
poudres et d'onguents, composent tout l'arsenal

chirurgical et pharmaceutique des thebib arabes.
Nous aurons lieu de distinguer plus tard ce qu'il y
a de véritablement utile dans les traitements qu'ils
font subir aux malades et dans les procédés opératoires qu'ils mettent en usage. Bornons-nous à constater dès à présent que la médecine expectante joue
un grand rôle dans l'exercice des thebib; ils connaissent parfaitement l'influence du temps et du
repos d'esprit sur la guérison des maladies. Mais
si les thebib font un grand cas de la médecine
expectante dans une foule de maladies internes et
chroniques, leur traitement pour les affections
chirurgicales consiste, au contraire, dans la médecine violente et perturbatrice.

KABLA, MDAOUÏ, ÇANA.

Enfin, dans la dernière classe des guérisseurs
arabes, il faut placer en première ligne le barbier;
la *kabla* ou sage-femme; le *mdaouï* ou possesseur
de remèdes secrets contre certaines maladies; le
secrétiste juif; le *çana*, instrumentateur ou ban-
dagiste qui cumule en même temps la profession
de vétérinaire; et enfin, comme si la liste des charlatans indigènes n'était pas assez riche, il faut y
ajouter la plupart des rénégats européens et des
déserteurs de notre armée qui, abusant de l'ignorance et de la crédulité des peuplades nomades, se
disent thebib, et leur administrent des poudres

inertes et des pierres pilées pour guérir une foule de maux. Nous allons voir successivement à l'œuvre tous ces guérisseurs, tous ces coupables imposteurs qui vendent des prières écrites, des amulettes et des carrés magiques. Nous examinerons ces formules multiples où les médicaments les plus hétérogènes se trouvent combinés, où des propriétés médicinales sont attribuées à des substances qui n'ont aucune action sur l'organisme, ainsi qu'on peut s'en convaincre par les prescriptions suivantes.

Les défenses d'un sanglier, réduites en poudre et prises dans un breuvage, guérissent la fièvre. Le cerveau du chacal donne à l'enfant qui en a mangé la méfiance et la ruse nécessaire à un guerrier maraudeur. Les frictions de la corne de bœuf calcinée et *vinaigrée* guérissent la lèpre. Le fiel de la vache noire est un prophylactique contre les ophthalmies. Le scorpion écrasé et appliqué sur une plaie guérit de sa propre piqûre. La chair de lion fortifie le corps et guérit la paralysie. La corne de sabot d'âne réduite en cendres serait un bon remède contre les affections strumeuses. Les chairs de pie, d'hirondelle, d'oie, de vipère et d'oiseaux de proie auraient la propriété de *fortifier* et d'éclaircir la vue. La tête de l'hyène rend fou l'homme à qui on en fait prendre en aliments, et lancée au milieu d'un troupeau, elle produit le vertige chez les bœufs, les moutons et les chevaux, etc., etc.

A voir ce charlatanisme effronté, ces pratiques superstitieuses, croirait-on que ces hommes sont les successeurs d'Avicenne, d'Albucasis, d'Ali-Abbas, de Rhazès, d'Averrhoès et de tant d'autres praticiens qui ont illustré la médecine et la chirurgie arabe ?

Soyons justes cependant envers les thebib, qui seuls conservent quelques traditions médicales de leurs ancêtres; il n'est pas rare, en effet, de trouver dans leur pratique, à côté de mille absurdités, des choses qui frappent par leur justesse et leur vérité. Nous dirons même plus, si par le fait de la conquête nous devons apporter aux thebib arabes des connaissances théoriques et pratiques en rapport avec les progrès de notre époque, notre thérapeutique aura aussi à leur faire des emprunts, surtout, lorsque nous connaîtrons mieux leur pratique. Au retour de l'expédition d'Égypte, Larrey a rapporté les bandages inamovibles, les ventouses et le moxa : l'Algérie, sans doute, nous donnera le henné, modifiera nos idées sur la réduction des luxations et des fractures, introduira dans notre pratique d'Europe les scarifications de feu et l'emploi du massage dans beaucoup de maladies.

La grande habitude d'observer, si commune dès l'enfance aux Arabes, supplée aux connaissances théoriques des thebib et à des études régulières. L'esprit d'observation que les Arabes sont obligés d'apporter dans toutes leurs affaires, ils l'apportent également dans l'exercice de la médecine. L'observation attentive des faits, l'examen des phénomènes extérieurs, voilà la seule base de la médecine des thebib, le seul guide dans leur pratique. L'aphorisme toujours vrai que Rhazès et Avicenne ne cessaient de répéter (1), aphorisme qu'un grand médecin philosophe de nos jours a formulé dans ces mots *medicina tota in observatione*, trouve une journalière application dans la pratique médico-chirurgicale des thebib indigènes.

De tout temps, les médecins comme les prêtres ont été en grande considération chez les Arabes, et si les thebib d'aujourd'hui ne sont pas comblés d'honneurs et de fortune comme du temps des Khalifes, ils ne conservent pas moins un certain prestige qui ajoute à leur considération; aussi, les denrées qu'ils reçoivent de leurs clients sont toujours offertes à titre de don et jamais comme salaire. N'ont-ils pas raison de croire honorer la médecine en ne la faisant pas descendre aux tarifs mercenaires de la spéculation et de la boutique?

(1) Avicenne considérait l'expérience comme le guide le plus sûr du praticien.—Quant à Rhazès, on sait qu'un Khalife le félicitant au sujet d'une cure importante, lui dit avec admiration, que le pays qu'il habitait pouvait se vanter de posséder un Galien; à quoi Rhazès répliqua : *L'expérience vaut mieux que la médecine.* (Léon l'Africain ; — ABROLLUX.)

BAINS.

Les bains sont la panacée universelle des indigènes de l'Algérie ; ils les employent dans toutes
les maladies, quels que soient l'âge et le tempérament des malades.

Une pratique excellente dont nous pourrions
tirer parti dans un très grand nombre de cas, c'est
le bain de vapeur accompagné de massage (*bain
maure*). Combien d'officiers de l'armée d'Afrique
ont dû à l'usage des bains maures souvent répétés, la
guérison de douleurs rhumatismales, d'affections
cutanées et syphilitiques qui avaient résisté aux
traitements des hôpitaux? Le bain hygiénique des
Arabes, dont le plus pauvre comme le plus riche
fait usage au moins une fois par semaine, parce
qu'il coûte à peine quelques centimes, et que le
maître du bain ne peut refuser l'entrée de l'étuve
à celui qui n'a même pas de quoi le payer, ce bain,
en entretenant la propreté de la peau, en activant
la sécrétion, garantit les Arabes d'un grand nombre
de maladies. Introduire l'usage des bains maures
chez nous, avec le bon marché, serait un immense
bienfait pour la classe ouvrière ; le bain dans nos
usages est une chose accidentelle, chez les Arabes
c'est une pratique obligatoire, comme manger,
dormir et prier.

MALADIES CUTANÉES.

Les maladies de peau sont très fréquentes parmi les Arabes. On a cru que l'abus du massage et les frictions continuelles avec des brosses toujours trempées dans l'eau de savon chaude devaient occasionner ces maladies; sans doute, la peau étant souvent excitée par les bains de vapeur surtout, finit par s'affaiblir, et son incessant exercice pourrait produire à peu près les mêmes inconvénients que son inaction forcée; mais nous croyons que la fréquence de ces affections chez les Arabes, doit être attribuée à l'usage des vêtements de laine, à la nature du costume indigène qui permet à la poussière de venir se déposer sur le corps, à l'insolation, à l'humidité des nuits et surtout à la contagion, parce que les Arabes couchent sur le même tapis, portent les mêmes vêtements; enfin, la difficulté de guérir les maladies qui existent, fait que le nombre en est considérable. Dans les bains on ne se sert pas de brosses mais de gants faits avec du poil de chameau; ces gants ne sont pas durs, mais comme ils servent à tout le monde, l'usage des gants communs est très dangereux; il en est de même des vêtements dont on se couvre en sortant des étuves et qui ont été portés par des personnes atteintes de maladies cutanées.

FIÈVRES INTERMITTENTES.

Les indigènes qui habitent dans le voisinage des marais sont souvent affectés de fièvres intermittentes, qui ne sont jamais aussi pernicieuses que pour les Européens; mais comme elles sont mal soignées ou très négligées, il en résulte des engorgements du foie et de la rate, une grosseur énorme du ventre et une pâleur jaunâtre à la figure.

M. le docteur Bodichon a trouvé la rate souvent très développée dans les autopsies qu'il a faites chez les Arabes; on rencontre aussi les engorgements des viscères abdominaux chez les bestiaux qui fréquentent les pâturages de certaines localités.

Les Arabes emploient l'application du feu contre les engorgements chroniques du foie et de la rate. Si la blessure produite par le feu occasionne aux patients de fortes douleurs, on applique des cataplasmes composés de bouse de vache, qui auraient les mêmes propriétés que les cataplasmes émollients de mauve et de guimauve. Dans un douar près du Lac salé (province d'Oran), nous avons observé un cas d'engorgement de la rate par suite de fièvre intermittente, traité par l'application du fer rouge sur la région correspondante à ce viscère. Le thebib nous a assuré que ce remède était infaillible contre les engorgements du foie et de la rate.

Cette médication, toute violente qu'elle paraisse au premier abord, n'est pas cependant irrationnelle ; et lorsqu'on réfléchit que dans nos contrées marécageuses les obstructions des viscères abdominaux entretiennent la fièvre et résistent à l'administration du sulfate de quinine, des préparations arsénicales et de tous les médicaments toniques, ne serait-il pas utile d'essayer le moyen employé par les Arabes, en le modifiant toutefois d'après la nature de nos climats et d'après la période et l'intensité du mal ?

Expliquer, à l'aide des idées généralement reçues sur la fièvre intermittente, la médication que je viens de rapporter, serait chose difficile. En effet, si le traitement des thebib arabes réussit, cela ne peut être que par la modification qu'il détermine dans l'organe splénique. Or, si l'on regarde la tuméfaction de la rate comme une conséquence de la fièvre, on est forcé de croire que l'on guérit la cause par son effet. Cette théorie me semble si peu logique que je préfère adopter l'explication que M. le professeur Piorry donne des pyrexies périodiques ; c'est-à-dire considérer la fièvre intermittente comme le résultat d'une lésion de la rate et de son système nerveux. Alors la médication arabe devient rationnelle ; on guérit la rate, cause de la fièvre et nullement la fièvre cause de la tuméfaction splénique.

Les scarifications de feu, par la méthode arabe,

ne sont pas plus douloureuses que les scarifications sanguines par le bistouri. M. Warnier a appliqué le feu à des enfants de huit ans, qui n'ont
pas même pleuré (1). A l'hôpital militaire de Cha-
ronne, ce chirurgien a fait souvent usage de scarifications de feu par la méthode arabe , et les malades supportaient sans répugnance cette opération.
En France c'est la crainte, c'est le préjugé qui font
considérer ces scarifications comme barbares. L'application du feu par la méthode arabe est très simple,
car les téguments ne sont jamais divisés; c'est , en
un mot, ce que nous appelons en Europe la cautérisation cultellaire *transcurrente*. Les thebib pratiquent cette opération en frappant promptement et
très légèrement la peau avec le tranchant d'un couteau rougi au feu ; ces scarifications agissent merveilleusement pour arrêter et souvent même pour
prévenir l'inflammation traumatique ; elles sont
également bien indiquées contre les ulcères ato-
niques , les engorgements lymphatiques et les obstructions des viscères.

ENTORSES, ENGORGEMENTS ARTICULAIRES, ETC.

Pour les foulures, les entorses, les tumeurs et les
engorgements des articulations , la médecine des

(1) Ce fait ne nous étonne pas , car on sait que les enfants et les vieillards supportent le cautère actuel plus facilement que les adultes.

thebib n'est ni moins violente ni moins efficace. M. le gouverneur maréchal Bugeaud a bien voulu nous communiquer l'observation suivante. Un chef arabe, nommé Kadour-Ben-Ismaël, qui accompagnait le maréchal, en qualité d'aide-de-camp, dans une partie de chasse aux environs d'Oran, tomba de son cheval qui s'abattit sur lui; on releva le cavalier tout *foulé*, *broyé*, et on le fit transporter sans connaissance dans une tribu voisine. Quatre jours après, le maréchal, qui le croyait blessé mortellement, ou tout au moins estropié pour la vie, ne fut pas peu surpris de le voir reparaître à cheval dans une revue. On lui apprit qu'un thebib, appelé auprès de l'Arabe aussitôt après l'accident, lui avait promené des scarifications de feu sur les articulations principales des membres supérieurs et inférieurs, après quoi il avait appliqué un cataplasme de *henné*. C'était à l'emploi de ces moyens énergiques qu'était due une guérison si prompte. Il serait difficile, dans cette observation, de préciser la nature et le véritable siège de la lésion ; toujours est-il que de semblables cures, très fréquentes en Afrique, suffisent pour perpétuer la foi des thebib dans les traditions médicales de leurs ancêtres.

MOYENS EMPLOYÉS CONTRE LES OPHTHALMIES.

Dès qu'une ophthalmie quelconque se manifeste,

les Arabes ne songent qu'aux moyens suivants :
1° employer les amulettes et les carrés magiques
donnés par les taleb et par les marabouts, afin de
chasser le *génie* du mal; 2° soustraire l'œil à l'action de la lumière et le préserver du contact de
l'air (1) ; 3° appliquer dans les yeux des collyres secs
stimulants et énergiques ; 4° Enfin, les vrais musulmans ne *font usage* que de la prière. Pour préserver
l'œil du contact de l'air, les Arabes couvrent, tamponnent et compriment l'organe malade avec des
compresses et des mouchoirs de coton fortement
serrés autour de la tête. Il ne touchent pas à cet
appareil pendant plusieurs jours ; les personnes qui
le peuvent restent en repos, celles qui sont obligées
de sortir pour travailler et qui n'ont qu'un seul
œil malade, arrangent leurs mouchoirs de façon à
le boucher complètement, tout en laissant l'œil
sain à découvert. Au bout de huit jours on ôte les
compresses ; quelquefois le malade est guéri,
d'autres fois l'œil est fondu et l'on ne trouve qu'un
moignon charnu.

Cette médication quelqu'étrange qu'elle paraisse,
pourrait néanmoins être employée avec succès
dans quelques cas ; il s'agirait alors de faire une
compression graduelle et de bien choisir l'époque
de la maladie. Les Égyptiens, d'ailleurs, se servent

_____

(1) L'action de l'air et de l'eau est chose que les Arabes redoutent surtout dans beaucoup de maladies.

souvent de ce moyen au début même de l'ophthalmie purulente, et quelquefois ils, guérissent. On
sait, en outre, que M. le professeur Piorry l'a appliqué avec avantage dans la seconde période de
l'ophthalmie purulente qui a régné épidémiquement dans la maison de refuge des orphelins du
choléra. Rarement les Arabes, surtout les nomades et les habitants des Douars, font usage de
collyres et de pommades ; le plus souvent ils lavent
avec du lait aigre les yeux encore tout enflammés,
ce qui contribue quelquefois à faire passer des
conjonctivites simples à l'état catarrho-purulent.

Dans les tribus où l'on possède quelques notions de médecine, on emploie un traitement interne et des collyres vraiment incendiaires ; on
peut s'en faire une idée par le traitement suivant :

Traitement interne. — Prendre , ail
rouge. . . . . 5oo gram.
  Couper et hacher menu comme du
tabac.
  Miel. . . . . 5oo *id.*
  Beurre rance (beurre de vache). . 5oo *id.*
Faire cuire le tout ensemble.
Ajouter :

Poivre ordinaire.	Pulvérisés.	18o *id.*
Gingembre. . . .		5o *id.*
Noix muscade. .		7 *id.*
Canelle.		7 *id.*

Enfin, quand ce mélange est refroidi, en avaler plein une cuiller à café matin et soir.

Traitement topique (ophthalmies simples). — Appliquer sur les yeux, matin et soir, de la terre à poterie humide.

Ou bien, saupoudrer l'œil malade à l'intérieur et à l'extérieur avec le sulfate de cuivre calciné sur le feu ardent.

Ou bien, saupoudrer de même avec le mélange suivant :

Safran,

Clous de girofle,

Poivre ordinaire,

Sel commun,

Parties égales pulvérisées (1).

Ou bien encore saupoudrer avec cet autre mélange :

Ailes d'une chauve-souris (ter-el-lill, oiseau de nuit), grillées,

Quelque peu de safran (zafran),

Quelque peu de sulfate de cuivre (hadjera-zerga, pierre bleue),

Quelque peu de bleu de prusse (nila),

Quelque peu de poudre noire (hadida), dont les femmes se servent pour teindre les sourcils.

Le tout réduit en poudre impalpable.

---

(1) Ce collyre sec, rappelle les huit lavements de poivre long qu'Avicenne se fit administrer et qui, au rapport de Sprengel, déterminèrent une attaque d'épilepsie.

Ophthalmies graves. — D'autres fois, lorsque l'ophthalmie est grave et que le contact de la poudre noire occasionne de grandes douleurs, on fait bouillir les substances précédentes dans le vinaigre. On donne à ce mélange la consistance d'un cataplasme et on l'applique à nu, matin et soir, sur les yeux malades.

Le traitement employé par les indigènes qui ont eu quelques relations avec les Européens est plus rationnel.

Le thebib des réguliers de l'émir Sidi-Mohammed Tounsi, quand la conjonctive était rouge et épaissie, pratiquait des scarifications sanguines sur la muqueuse palpébrale, de légères scarifications et des cautérisations sur la peau des paupières et tout autour de l'œil.

Dans les ophthalmies avec ulcères il appliquait également à la nuque un séton qu'il établissait avec une grosse aiguille à matelas.

Quand les ophthalmies étaient accompagnées de céphalalgie, il appliquait quelques ventouses scarrifiées à la nuque, ou à la région occipitale.

D'autres fois, après avoir massé la tête rasée, il appliquait circulairement, du front à l'occiput, une ligature fortement serrée, puis pratiquait sur tout le cuir chevelu des scarifications, dans la direction des fibres musculaires; enfin, il massait de nouveau la tête pour faciliter l'écoulement du sang.

Amulettes. — Il m'est arrivé, et cela sans doute a été remarqué par d'autres médecins qui ont exercé en Afrique, de faire des prescriptions à des indigènes malades et de les rencontrer une ou deux semaines après, ayant l'ordonnance *pendue au cou*, comme un scapulaire, ou bien religieusement cachée dans leurs vêtements, sans avoir fait aucun usage des médicaments prescrits. De sorte que le plus souvent ce ne sont pas les malades qui suivent l'ordonnance, mais c'est l'ordonnance qui suit les malades.

Au mois de juillet 1842, j'ai été chargé par M. le directeur de l'intérieur de l'Algérie d'examiner et de classer, d'après la nature de leurs maladies, les musulmans affectés de maux d'yeux ou de cécité, qui pourraient être reçus dans un établissement à cet usage qu'on projette de fonder à Alger pour les indigènes pauvres. Parmi le nombre des personnes qui nous ont été amenées au bureau arabe de Mecque et Médine, par les employés de la police maure, il y avait le nommé Mohammed-Ben-Kassem, arabe affecté de fonte de l'œil droit et de leucoma complet sur l'œil gauche. Ce malheureux portait sur le front, autour de la corde en poil de chameau, quatorze amulettes en peau, de la forme d'un carré allongé, contenant des papiers mystérieux sur lesquels on remarque quelques lignes écrites en arabe et un grand nombre de signes cabalistiques ou de chiffres rangés dans une espèce de table pythagoricienne ; c'est par leurs différentes combinaisons que les Taleb (lettrés) croient découvrir les choses les plus mystérieuses et opérer les miracles de la sorcellerie.

Voici la traduction libre d'une de ces amulettes : nous devons cette traduction à l'obligeance de notre maître en arabe, M. Reinaud, membre de l'Institut.

On lit en tête : « Au nom de Dieu clément et miséricordieux, que Dieu soit propice à notre seigneur Mahomet, à sa famille et à ses compagnons. »

Vient ensuite le commencement de la Sourate xxxvi du Coran où Dieu est supposé parler ainsi à Mahomet : « Y.-S. par le Coran sage tu es du nombre des envoyés divins et tu marches dans une voie droite ; c'est une révélation que l'être glorieux et clément t'a faite, afin que tu avertisses ton peuple de ce dont leurs pères avaient été avertis, et à quoi ils ne songent guère. Notre parole a été prononcée contre la plupart d'entre eux, et ils ne croiront pas. Nous avons chargé leurs cous de chaînes qui leur serrent le menton, et ils ne peuvent plus lever la tête. Nous avons placé une barrière devant eux et une barrière derrière ; nous avons couvert leurs yeux d'un voile, et ils ne voient pas. »

Ces dernières paroles font évidemment allusion à l'état de la personne pour laquelle on les a mises en usage. La suite de l'écrit est destinée à procurer au malade la guérison; elle commence ainsi : « Au nom de Dieu, par Dieu; il n'y a pas d'autre Dieu que Dieu; il n'y a de force qu'en Dieu. » Malheureusement l'écriture est si mauvaise, qu'il serait bien difficile d'en offrir un sens complet.

Les deux carrés placés au milieu de l'écrit et celui qui est au bas à droite, sont ce qu'on appelle du nom de *carrés magiques*. Il en est parlé dans nos livres de mathématiques, et ils appartiennent à la science des nombres qui tenait une si grande place dans les doctrines de Pythagore. Seulement ici, au lieu de chiffres, on a employé les lettres de l'alphabet arabe qui, à l'exemple des lettres des alphabets hébreu et grec ont une valeur numérale indépendante de leur signification vocale.

Le carré du milieu, du coté gauche, renferme les lettres : ٮ ط ب ou 492, ز • ج ou 357 et ٯ ١ ح ou 816.

4	9	2
3	5	7
8	1	6

L'addition de chacune de ces trois colonnes, dans quelque ordre que l'on procède, verticalement, horizontalement et diagonalement, donne invariablement pour total, le nombre ternaire 15, qui est des plus cabalistiques.

Ces neuf signes indiqués sur le carré (1) représentent les neuf unités, les seules qui, pendant longtemps, ont été exprimées dans le calcul jusqu'au moment où l'on a marqué le zéro. Si, comme cela se rencontre souvent dans les traités arabes de magie, on se borne à marquer les lettres qui occupent les quatre angles, on a ح و د ب, ou 8,642, ce qui en procédant comme font les Arabes, de droite à gauche, présente une progression arithmétique.

Le groupe ح و د ب, est précisément celui qui, dans l'amulette sus-indiquée, occupe le carré du bas, et ce groupe est répété 4 fois dans un ordre différent.

Chacune de ces amulettes vendues par les taleb ou par les marabouts, coûte aux malades de 10 à 12 sous; quelquefois le papier mystérieux est couvert simplement d'une couche de cire jaune, enveloppée d'un mauvais chiffon, et dans ce cas l'ordonnance ne vaut que 6 sous.

---

(1) Sur les divers usages de ces carrés chez les Orientaux, on peut consulter le 2e vol. de l'ouvrage de M. Reinaud, intitulé : *Monuments arabes, persans et turcs du cabinet de M. le duc de Blacas.*

Les personnes riches portent leurs talismans et leurs amulettes dans une petite boîte de fer-blanc, ou dans du maroquin orné d'arabesques dorées.

La croyance religieuse des Arabes est tellement puissante que quelquefois, malgré la désorganisation des yeux et la cécité complète, ils ont beaucoup de confiance dans ces sortes de remèdes et ne désespèrent pas de leur guérison radicale. Eh bien! ces idées absurdes, ces pratiques contraires au bon sens et à la raison, nous étonneraient beaucoup chez un peuple barbare, si l'histoire ne nous avait pas transmis des absurdités pareilles qui étaient en crédit chez des nations civilisées et parmi les plus hautes classes de la société. N'a-t-on pas vu un roi d'Angleterre (Edouard le confesseur), deux rois de France (Philippe I et Louis IX) se persuader qu'ils avaient le don *miraculeux* de guérir une foule de maladies au moyens d'un simple attouchement et en prononçant des paroles mystiques? N'a-t-on pas vu une reine de France (Catherine de Médicis) qui, pour se préserver des malheurs physiques et moraux, portait sur son ventre une peau de vélin étrangement bariolée, semée de figures et de caractères grecs diversement enluminés? Cette peau avait été préparée par Nostradamus et plusieurs auteurs contemporains prétendent que c'était la peau d'un enfant égorgé ! ! !

Est-ce en Afrique seulement que la magie jointe à la médecine a prôné les pratiques les plus

futiles et les plus ridicules? Et de nos jours, les
exploits du magnétisme sont-ils moins absurdes?
Les marabouts et les taleb qui par ignorance ou
par fanatisme empruntent leurs formules à la sorcellerie, ne sont-ils pas plus pardonnables que ces
médecins charlatans qui parmi nous exploitent le
somnambulisme et qui prétendent guérir l'amaurose à l'aide de la perle prise à des doses infinité-
imales?

Dans les villes, les barbiers sont les chirurgiens
des maures et les *taleb* leurs médecins. Quelques
sécrétistes juifs font aussi de la médecine parmi les
habitants des villes. Les maures attribuent une
partie de leurs maladies à des génies malfaisants
qu'ils supposent habiter les sources des montagnes
ou les rivages de la mer.

SAIGNÉES.

Les médecins maures pratiquent des saignées et
des scarifications avec un rasoir en faisant des
mouchetures aux jambes après les avoir serrées
fortement audessous du genou avec la corde de
leur turban. Quant aux saignées du bras, il les
font comme nous; seulement la plupart ne con-
naissant pas la position de l'artère brachiale ou du
tendon du biceps blessent quelquefois l'un ou l'autre, d'autant plus qu'ils ne se servent que d'une lancette très large comme celle des abcès.

Tout récemment un thebib maure, ayant à saigner le nommé Guyon, lui plongea perpendiculairement la lancette et coupa la veine et l'artère;
il fit une compression circulaire qui amena des accidents gangréneux, et l'individu est mort à l'hôpital
civil. M. le docteur Bodichon a été témoin de
quelques accidents pareils, et il y a peu de temps,
un juif a coupé une partie du tendon du biceps en
faisant une saignée sur un espagnol; il en est résulté deux abcès, un dans l'ouverture de la saignée
et un autre consécutif. Dans cette circonstance,
pour la première fois, l'auteur de cette faute a été
poursuivi devant les tribunaux.

Pour saigner à la tête, les barbiers maures serrent le cou à l'aide d'une corde en poil de chameau,
de manière à former une turgescence de la face;
cette turgescence obtenue, ils incisent la veine
qui passe au-dessus de la racine du nez; pour faciliter l'effusion du sang, on roule un bâton sur les
incisions, et lorsqu'on veut arrêter les saignées,
on se sert d'une espèce d'emplâtre fait avec de la
terre argileuse qu'on fixe avec un mouchoir. Les
saignées de la veine brachiale ne se pratiquent pas
chez les Arabes, mais chez les Maures seulement.
Comme les Espagnols et les Siciliens, les Arabes
saignent les veines de la main, du front et du pied.

CIRCONCISION.

La circoncision et l'application des ventouses

sont également confiées aux barbiers. La circoncision, *ketana,* est pratiquée de la manière suivante : on prend une plaque en argent de la grandeur d'une pièce de 5 francs , ayant un petit orifice au centre; c'est par cet orifice que l'opérateur introduit le prépuce qu'il isole du gland par une légère traction, et l'incise en rasant tout ce qui sort par l'orifice.

Les ventouses consistent dans une corne percée d'un petit trou à son extrémité; dès que la grande ouverture est appliquée sur la peau, on aspire pour faire le vide; une soupape étant destinée à boucher le petit trou, on obtient un boursoufflement énorme de la peau, qu'on scarifie à l'aide d'un rasoir. Ce moyen très économique et à la portée de tout le monde , remplace la ventouse à pompe que nous employons en Europe.

PIÈRRE ET GRAVELLE.

La pierre et la gravelle se rencontrent rarement en Afrique ; on doit attribuer cela à la sobriété des habitants, à leur abstinence de liqueurs fermentées et à une alimentation farineuse, etc. Les indigènes emploient contre la gravelle la racine de *l'arisarum,* qui aurait une action particulière sur la vessie. Shaw rapporte l'observation d'un enfant qui rendit par l'urètre plus d'une pinte d'une liqueur glutineuse pour avoir mangé une grande quantité du pain ordinaire des bédouins, qui est fait d'une égale quantité d'orge, de froment et de racines de *boukoku* (arisarum), séchées au four et réduites en poudre.

Les thebib n'ont aucune notion de la lithotomie et encore moins de la litnotritie. Soit ignorance, soit préjugé religieux, les anciens médecins arabes eux-mêmes ne nous ont rien laissé d'original sur l'opération de la taille. Du temps de Rhazès, un indien nommé Sarad jouissait d'une grande réputation de lithotomiste, car les chirurgiens indigènes avaient une certaine répugnance pour cette opération pratiquée ordinairement par les étrangers établis dans le pays. Abul-Kasen, qui a si puissamment contribué à perfectionner la chirurgie arabe, dit que, lorsque la taille est nécessaire chez les femmes, il faut appeler une sage-femme, parce qu'il n'est dans aucun pays permis à un homme de porter les yeux sur les parties génitales du sexe féminin.

Quelques auteurs arabes ont parlé, il est vrai, de cette maladie et des procédés usités pour en obtenir la guérison; l'on a même cru trouver dans Abul-Kasen et dans Teifachy l'indice de la lithotritie, mais M. Leroy d'Étiolles, plus que tout autre, intéressé à conserver cette invention aux modernes, a montré que l'on s'était mépris sur le sens du passage des auteurs arabes et qu'il s'agissait, non pas de pierre vésicale, mais de graviers arrêtés dans l'urètre. Mais ce qui semble appartenir incontestablement aux médecins arabes, c'est la sonde droite, instrument primitif, il est vrai, et que les connaissances anatomiques ont dû modifier. La sonde droite, qui a beaucoup contribué à la découverte de la lithotritie, se trouve décrite et dessinée dans l'ouvrage d'Abul-Kasen.

ASPHIXIE.

Dans quelques contrées de l'Afrique, le moyen employé pour guérir l'asphyxie consiste à étendre le patient sur le dos et à lui appuyer le pied sur la poitrine, et dans cette position à le tirer à soi par les bras. Ce procédé d'une exécution facile, pratiqué contre la syncope par les membres de la secte Aiçaoua, a été popularisé à Alger par M. le docteur Bodichon, et mis dernièrement en usage par M. Beille, chef du dépôt des ouvriers du port d'Alger, sur le nommé Thompson du brik norwégien le *Frétiof*. Ce matelot étant ivre est tombé dans la mer, et lorsqu'on l'a retiré il se trouvait dans un état d'asphyxie complète (1).

BEC DE LIÈVRE.

Les Arabes désignent cette difformité sous le nom de *Chareb-el-Djemel* (bec de chameau);

(1) *L'Akhbar*, journal d'Alger.

comme les médecins européens, les thebib connaissent l'opération du bec de lièvre : comme eux,
à l'aide du bistouri, ils avivent les deux bords de
la solution de continuité; comme eux aussi, quelques-uns se servent de la suture entortillée; mais
dans la plupart des cas ils ont recours à un procédé qui, quoique infiniment simple, nous semble
très ingénieux. Ce procédé consiste à substituer
au moyen de contention ordinaire, la suture, un
insecte carnassier connu en entomologie sous le
nom de *scarite pyracmon;* cet animal, pourvu de
deux mandibules terminées à leur extrémité libre
par deux petits crochets, est placé sur la plaie, et
cela de manière que les bords avivés et affrontés
préalablement se trouvent entre les deux crochets
dont l'effet, par l'effort constricteur de l'insecte, est
de maintenir la réunion; on place ainsi deux à trois
scarites selon l'étendue de la solution de continuité;
après cela, par un mouvement de rotation, on enlève
le thorax de l'insecte en coupant la tête; mais afin
de prévenir l'écartement des mandibules, les thebib recouvrent l'articulation de ces organes avec
un peu de mastic très adhérent. Cette précaution
est inutile, car les têtes détachées du corps conservent une contraction telle qu'il faut briser les crochets constricteurs pour les écarter.

Ce procédé nous a paru tellement ingénieux,
que nous avons pensé qu'il pourrait être d'une
grande utilité dans quelques cas d'autoplastie et

surtout de blépharoplastie, où l'application de fils
et d'aiguilles est souvent nuisible, soit à cause de
l'étroitesse du lambeau, soit pour ne pas augmenter
les chances de mortification. Préoccupé de ces
avantages, nous nous sommes empressé de présenter à M. Charrière un de ces insectes, le chargeant
de nous faire un instrument pouvant remplir les
mêmes indications.

N'ayant que le volume de la tête de l'insecte, et
étant à pression continue, notre instrument nous
semble destiné à rendre quelques services dans le
cas d'entropion, dans les fistules du périnée; et, bien
plus, étant d'une application facile, il pourra servir dans les fistules recto et vésico-vaginales et dans
l'entéroraphie.

La suture, au moyen des scarites, était probablement employée par les anciens médecins arabes;
les traducteurs et les commentateurs d'Albucasis
ont dit que les Arabes, pour réunir les plaies des
intestins rapprochaient les bords de la division,
les faisaient mordre tous deux à la fois par de
grosses fourmis et coupaient ensuite le corps de
ces insectes dont les têtes restant en place, servaient de suture. Guy de Chauliac, Fabrice d'A-
quapendente et Sprengel lui-même, ont considéré
ce moyen comme une *plaisanterie ridicule;* mais
n'est-il pas probable que dans l'ouvrage d'Albucasis il s'agit plutôt de scarites que de fourmis?
Quoiqu'il en soit, ce fait prouve que les travaux

de l'ancienne école arabe méritent d'être revus et
appréciés plus convenablement. Je ne saurais donc
trop insister sur la nécessité de l'étude de la langue
arabe généralement négligée par les médecins
d'aujourd'hui ; cette négligence est moins par-
donnable dans un pays où il y a plusieurs chaires
spéciales pour l'enseignement de cette langue
considérée autrefois par les médecins comme une
étude professionnelle ; car ces chaires furent successivement occupées par des docteurs en médecine.

BLESSURES D'ARMES A FEU.

Pour les blessures d'armes à feu les maures ont
des théories erronées ; ils croient que la poudre
empoisonne la plaie et que le seul moyen de guérir
ces blessures, c'est la cautérisation avec un fer rougi
à blanc ou l'introduction dans la plaie d'huile bouillante (1). Ce sont les idées de Vigo le Génois , qui
ont été adoptées par les chirurgiens du seizième
siècle, et dont le génie d'Ambroise Paré a fait justice. Quoi qu'il en soit de l'étiologie de ces sortes
de maladies, toujours est-il que les indigènes et
surtout les thebib arabes sont d'une supériorité incontestable dans leur traitement. Le moyen employé
le plus généralement par les maures consiste à faire

---

(1) L'huile bouillante et le beurre fondu sont également employés par
les Arabes et par les Maures pour arrêter les hémorrhagies artérielles qui
ont résisté a tous les autres moyens mis en usage.

rougir un anneau ou bague en fer qu'on applique sur l'orifice de la plaie. Lorsque celle-ci est profonde, pour. éviter le contact de l'air, on y introduit du beurre rance ou du miel. L'expérience a prouvé qu'à l'aide de ce traitement des bourgeonnements de bonne nature s'établissent dans la plaie plus promptement que par les moyens que nous employons en Europe; l'introduction de l'air dans la blessure devient difficile et la cicatrisation ne se fait pas attendre.

Pour provoquer la cicatrisation des plaies profondes du centre à la circonférence, les Arabes emploient un moyen thérapeutique très rationnel qui devrait être généralement adopté en Europe ; nous voulons parler de l'introduction d'une sonde de miel (*dlill el azel*) dans le trajet de la blessure (1). Voici la composition de cette sonde et la manière d'en faire usage. On fait cuire du miel jusqu'à ce que, par le refroidissement, il devienne un corps solide, malléable, auquel on donne la forme d'une bougie. Cette préparation doit avoir une longueur égale à celle de la plaie et une grosseur qui soit celle du projectile qui l'a produite. On l'introduit dans la plaie par l'ouverture d'entrée,

---

(1) La sonde arabe est connue en France depuis la publication de la thèse inaugurale d'un des chirurgiens les plus distingués de l'armée d'Afrique, M. le docteur Warnier qui, attaché à l'état-major du prince de Joinville à l'époque du bombardement de Tanger, a rendu d'importants services dans les différentes missions diplomatiques qu'il a été chargé de remplir auprès des autorités indigènes.

et lorsque la balle a une issue, on la fait traverser
de part et d'autre jusqu'à ce qu'elle dépasse les
deux ouvertures de chaque côté. Dans le cas contraire, la sonde de miel est introduite jusqu'au
fond de la plaie. Pendant les trois ou quatre premiers jours on donne à la sonde la même grosseur ;
mais aussitôt que la suppuration commence et que
les bourgeons charnus se développent, on diminue successivement le volume de la sonde jusqu'au
dixième jour environ. Lorsque la plaie marche
bien, le dixième jour, au lieu d'une seule sonde
qui traverse la plaie, on en introduit par chaque
ouverture, une qui est moins longue que la moitié
de la longueur de la plaie afin de lui permettre
de cicatriser par le centre. Enfin, depuis le dixième
jour jusqu'à la guérison, on diminue graduellement sur la longueur et la grosseur. Dès que l'introduction de la sonde détermine l'issue de quelques gouttelettes de sang, il faut la supprimer,
parce qu'alors, on a la preuve que les bourgeons
charnus ont atteint le développement qui est nécessaire à une prompte cicatrisation. Si la guérison de la blessure se trouve entravée par une suppuration trop abondante, par le développement
trop rapide des bourgeons charnus, ou par le caractère atonique de la blessure, les thebib char-
gent la sonde de benjoin, de tartre brut et de différentes substances auxquelles ils attribuent des
propriétés cicatrisantes.

Quant aux scarifications autour de la plaie, les Arabes les pratiquent avec une lame de couteau rougie au feu ; ce puissant révulsif appliqué promptement contribue, par les nombreuses eschares qu'il produit, à prévenir l'inflammation traumatique et à hâter la guérison de la blessure. Des compresses huilées, des cataplasmes avec la bouse de vache ou avec du miel servent à couvrir les parties scarifiées ; il en est de même des pansements des blessures simples. Nous avons dit, en parlant des ophthalmies, que les Arabes ne se contentaient pas seulement de couvrir les yeux malades, mais qu'ils *tamponnaient* ces organes à l'aide de compresses superposées et de mouchoirs fixés autour de la tête ; les précautions qu'ils prennent pour couvrir les blessures sont encore plus extraordinaires afin de soustraire la plaie au contact de l'air, et de conserver aux parties lésées leur chaleur naturelle. On a constaté partout l'heureuse influence des pays chauds sur les blessurses ; on a constaté l'influence heureuse de l'appareil incubateur pour les amputations à l'hôtel des Invalides ; donc la chaleur est bonne pour les blessures, et nous avons souvent tort en Europe d'employer les irrigations froides pour prévenir l'inflammation. Quelquefois les thebib aromatisent la plaie ; mais ils ne se servent jamais d'eau pour la laver. En parfumant la plaie et en la saupoudrant avec des sels de cuivre ou avec des poudres astringentes,

ils espèrent prévenir le développement des vers,
qui est, dans les pays méridionaux, une des complications les plus graves et les plus fréquentes des
blessures d'armes à feu.

EXTRACTION DES BALLES.

Les thebib, n'ayant pas les connaissances suffisantes ni les instruments nécessaires pour débrider
les plaies d'armes à feu et pour pratiquer des
contre-ouvertures, il en résulte que l'extraction
des balles, de la bourre et des autres projectiles
qui se trouvent dans la plaie devient difficile ; aussi,
dans le plus grand nombre des cas, ou les balles restent logées dans les chairs, ou la nature se charge,
par le travail suppuratif, de les entraîner au dehors.
Il arrive souvent que le blessé, voulant se débarrasser du corps étranger qui le gêne, tombe dans les
mains de quelque mdaouï qui, au lieu d'en faire
l'extraction par des moyens chirurgicaux, emploie
des emplâtres et des moyens mystérieux. Le journal l'*Algérie*, 22 mai 1844, rapporte une anecdote
très curieuse sur le charlatanisme effronté des
mdaouï arabes. « Un chirurgien français est appelé un jour à extraire une balle de la jambe d'un
Arabe blessé depuis longtemps. La balle n'est plus
dans les chairs, dit le malade, et cependant je
souffre encore, tâche donc de me guérir. Examen
fait de la blessure, le médecin reconnaît l'exis-

tence de la balle. C'est impossible, dit l'Arabe, je n'ai reçu qu'un coup de feu et les mdaouï ont extrait déjà six balles de ma plaie, comment donc les Roumi chargent-ils leurs fusils? Et à ces mots, l'Arabe tira de dessous son burnous un papier contenant en effet six balles. Voilà, ajoute-t-il, celle que tel mdaouï a retirée, tel autre a retiré celle-ci et ainsi de suite. Le Français ne put s'empêcher de sourire. Rien n'est plus vrai, dit le crédule musulman, et je dois m'en souvenir d'autant mieux que l'extraction de chaque balle a été fort douloureuse. Le Français voulut savoir comment les mdaouï s'y étaient pris pour procéder à l'extraction d'une balle sans l'extraire, et voici à peu près la forme la plus usuelle : le mdaouï commence par séquestrer son malade et le tient à la diète pendant vingt-quatre heures dans un lieu sombre; il applique ensuite, avec beaucoup de solennité, un topique inoffensif autour de la plaie, puis, à l'aide d'un caustique, il occasionne une très vive douleur. Pendant que le blessé se tord en invoquant la toute-puissance du Dieu clément et l'assistance du Prophète, le mdaouï tire de l'une de ses poches une balle noircie et, la tenant entre ses deux doigts, comme l'escamoteur fait d'une muscade, il la montre au malade émerveillé. Comme au bout de quelque temps le mal ne fait qu'empirer, l'infortuné va trouver un autre mdaouï qui, avec des moyens a peu près analogues, recommence l'opération : elle produit inévitablement le même résultat. Le médecin français avait extrait une septième balle, mais celle-ci était la bonne. »

AMPUTATIONS.

Quelle que soit la gravité des blessures des membres, les Arabes ne pratiquent jamais des amputations; les seules personnes amputées qu'on rencontre en Algérie, sont des criminels amputés par le chaouss à l'aide d'une hache ou d'un yatagan, le membre étant appuyé sur un billot de bois.

Le pansement consécutif est aussi expéditif que l'amputation elle-même; il s'agit tout simplement de tremper le moignon dans un pot rempli de poix en ébullition; d'autres fois, on applique sur la blessure une large pelle, rougie au blanc. Faites abstraction du pansement consécutif, vous trouverez que le moyen proposé tout récemment par M. Mayor (1), n'est que la reproduction *fidèle* du procédé employé par l'exécuteur arabe, procédé barbare qu'on a cherché, à des époques différentes, à propager en Europe. Ainsi Léonard Botal avait déjà proposé, pour faire l'amputation, d'appuyer le membre sur une hache bien tranchante et de lais-

---

(1) La méthode des amputations ne serait pas la seule que l'honorable chirurgien de Lausanne aurait emprunté aux Arabes; le système de déligation des plaies que M. Mayor a sans doute perfectionné est depuis longtemps connu et mis en pratique parmi les indigènes de l'Algérie.

ser tomber une autre hache très volumineuse,
rendue plus pesante par des poids en plomb!...

Ce n'est pas la perspective d'une grande souf-
france, ni les craintes d'un insuccès, qui font re-
culer les Arabes devant les amputations. L'aversion
pour cette opération chirurgicale a existé de tout
temps chez les musulmans ; car un des chirurgiens
les plus célèbres parmi les anciens Arabes pros-
crivait les amputations comme inutiles.

Disposer d'une partie de l'œuvre la plus parfaite
de la création, c'est pour les musulmans un sacri-
lége, une action criminelle devant Dieu. Après le
mémorable combat de la Sikack, dit M. Félix
Mornand, dans un article de *la Revue de Paris*, un
grand nombre de blessés arabes gisaient sur le
champ de bataille. Les chirurgiens militaires ayant
d'abord donné leurs soins aux blessés français,
vinrent offrir les secours de leur art à ceux du parti
de l'émir, qui étaient tombés en notre pouvoir.
Les deux tiers avaient des plaies ou des fractures
graves qui commandaient impérieusement l'amputation. On va te couper le bras ou la jambe,
dirent à ces derniers nos officiers de santé. Coupe!
répondirent-ils sans sourciller, prenant nos chirurgiens pour des exécuteurs d'ordres impitoya-
bles, à cause de leurs tabliers tachés de sang par les
précédents pansements. On s'aperçut de la méprise,
et on s'empressa de tirer les pauvres patients d'erreur : garde ta jambe, si tu veux, leur dit-on ; ce

n'est pas pour te faire souffrir, mais uniquement pour te sauver qu'on te propose de la couper. En ce cas je la garde. Mais si on ne te la coupe pas tu seras mort demain. Qu'importe? ce qui est écrit est écrit. Si je dois mourir de ma blessure, je mourrai tel que Dieu m'a fait. Tous, sans exception, firent la même réponse et on respecta leur volonté.

Nous pouvons compléter le récit de M. Mornand par des détails inédits plus précis. Sur cent-trente prisonniers, dont cent au moins étaient blessés, on en laissa dix à Tlemsen, atteints de blessures mortelles. M. Warnier, qui avait été chargé de soigner les blessés, demanda au maréchal Bugeaud de leur rendre la liberté et de les faire transporter par deux de ceux qui étaient bien portants, dans les douars voisins, afin qu'ils pussent mourir en paix au milieu de leurs frères. M. le maréchal Bugeaud y consentit d'autant plus volontiers qu'on n'avait pas beaucoup de moyens de transport; mais les Arabes refusèrent, disant qu'ils étaient Arabes, que les douars voisins étaient Kabyles, et que ceux-ci les égorgeraient pour avoir été vaincus, qu'ils aimaient mieux mourir parmi des hommes qui respectaient leur malheur qu'entre les mains de ceux qui les insulteraient. On les transporta donc de la Sikack à Tlemsen; là, on les laissa entre les mains du docteur Laiger, aujourd'hui chirurgien en chef de l'hôpital de Sétif, et l'on a su depuis que, sur ces dix hommes réputés blessés mortellement, et qui avaient été abandonnés aux ressources des Arabes, plus de la moitié avaient retrouvé la santé. Quant aux cent autres blessés, ils revinrent à Oran, et pas un seul ne mourut. On leur donna très peu de soins pendant la route. La plupart avaient plusieurs blessures graves faites par des coups de sabre et par des coups de pistolet à brûle pour-point.

Quoique fondée sur un préjugé, la profonde antipathie qu'ont les indigènes pour ces opérations, mérite néanmoins un examen très sérieux ; et on sera étonné comme nous, lorsqu'on verra, par des tableaux statistiques incontestables, que les résultats obtenus par les thébib sont plus heureux que les nôtres. Nous trouvons résumé en quelques lignes, dans un travail de M. Warnier, la statistique comparative des résultats de la pratique indigène et de celle de nos chirurgiens. « Parmi les guerriers arabes qui combattent bravement sous nos drapeaux, un grand nombre serait à l'hôtel des Invalides, s'ils avaient été traités de leurs blessures par nos chirurgiens. Sur 4,000 hommes portant les armes dans la tribu des Douairs, 800 au moins ont été atteints par des balles, et parmi les nombreuses blessures qu'elles ont faites, il y en a eu de très graves et dont les résultats sont très curieux pour un chirurgien observateur. Le chiffre de la mortalité, relativement au chiffre des blessés, est moindre

chez les Arabes que chez nous. Dans l'armée régulière de l'émir Abd-el-Kader, un tiers au moins
de ceux qui datent de la formation de ce corps,
ont été victimes de blessures, et cependant ces soldats n'ont ni hôpitaux, ni hôtels, ni retraite.
Presque tous ont guéri, et un grand nombre servent encore après avoir été grièvement blessés. »

Nous ne voulons point exagérer l'importance de
ce fait; car, tout en admettant le savoir faire et
l'adresse des thébib dans le traitement des blessures d'armes à feu, nous avons la conviction que
les circonstances individuelles, l'isolement des
blessés, et surtout le climat qui accélère la consolidation et la réunion des parties divisées, contribuent chez les indigènes à la terminaison heureuse
de ces maladies. Ajoutons à cela que les complications consécutives des plaies d'armes à feu, telles
que l'inflammation, le tétanos et la gangrène sont
excessivement rares parmi les blessés arabes.

Si on voulait faire une statistique comparative
exacte entre les résultats des amputations pratiquées dans les hôpitaux de Paris et les amputations
faites dans les hôpitaux d'Alger, Philippe-Ville,
Oran et Constantine, on trouverait également une
différence notable en faveur de ces derniers, et
pourtant le service de ces hôpitaux est fait par nos
chirurgiens; les méthodes opératoires, les pansements et les soins consécutifs des opérations sont à
peu près les mêmes que dans les hospices de Paris.

Il est donc incontestable que le climat et la position topographique ont une influence salutaire sur
les opérations pratiquées par nos chirurgiens et sur
des malades européens.

Les conditions de salubrité, le nombre des salles
et des étages des hôpitaux nouvellement bâtis en
Afrique (1) doivent être également comptés pour
quelque chose dans les résultats heureux qu'on
obtient dans ces établissements. Il est prouvé aujourd'hui par des recherches statistiques faites
dans les différents hôpitaux d'Europe, que les succès des opérations chirurgicales, toutes choses
égales d'ailleurs, sont en raison directe du petit
nombre des malades contenus dans les salles ; ainsi,
par exemple, sur dix opérations pratiquées dans
une salle contenant 40 malades, dans un vaste hôpital à trois étages, il y aurait moins de résultats
heureux que dans un petit hôpital à deux étages et
dans une salle qui ne contiendrait que de 15 à 20
malades. Un chirurgien distingué de Paris, M. le
docteur Thierry, membre du conseil général de la
Seine, a pris l'honorable initiative de propager ces
idées en France, et d'en proposer l'application à
propos du projet de la fondation d'un nouvel hôpital dans la ville de Paris (2).

(1) Excepté les constructions provisoires, la plupart des hôpitaux bâtis
en Afrique n'ont que des salles très-petites comparativement aux salles
énormes des hôpitaux de Paris.

(2) Dès l'année 1814, le conseil général des hôpitaux de Paris sur le

Une dernière preuve qui vient à l'appui de ce que nous venons d'émettre c'est que, même en Afrique, à l'époque des grandes expéditions, lorsque les hôpitaux sont encombrés de blessés, les opérations sont moins heureuses que celles qu'on pratique dans les mêmes établissements sur un très petit nombre de militaires blessés dans des embuscades ou à la suite de quelques attaques peu importantes. Nous avons pu nous en assurer *de visu* à l'hôpital de Philippe-Ville, dans le service de MM. Valette et Mestre, sur des militaires blessés dans l'attaque du camp d'El-Arouch (mai 1842), et à la suite du soulèvement des tribus kabyles du cercle de Philippe-Ville (affaire du colonel Brice).

En résumé, tout en faisant la part du climat, de l'isolement des blessés, de l'absence de complications consécutives des plaies, etc., il faut avouer avec franchise que la pratique des thébib indigènes, pour ce qui regarde les blessures d'armes à feu, est sous beaucoup de rapports plus rationnelle que la nôtre ; et quant aux amputations, il serait à désirer que les chirurgiens de nos grands hôpitaux suivissent la sage réserve des thebib arabes. Chez les Musulmans, l'antipathie pour les amputations

rapport de Tenon, Leroy, Bailly, etc., avait reconnu l'utilité de diviser les hôpitaux en pavillons séparés, et malgré la décision prise par le conseil ces conditions favorables de commodité et de salubrité n'ont jamais été prises en considération dans les constructions qui ont été faites depuis cette époque.

est fondée sur leur ignorance, sur une confiance
exagérée dans les ressouces de la nature et surtout
sur un respect religieux pour la conservation de
l'œuvre la plus parfaite du Tout-Puissant ; chez
nous, elle devrait prendre sa source dans la statistique malheureuse de ces sortes d'opérations.

Dans un travail statistique publié en 1842, (1)
M. Malgaigne a prouvé d'une manière incontestable, que sur un grand nombre d'amputations
pratiquées dans les hôpitaux de Paris, quelques
unes seulement étaient suivies d'un heureux résultat. Ce mémoire est remarquable sous le rapport
de l'exactitude avec laquelle l'auteur a indiqué
l'influence comparative de l'âge, du sexe, des saisons, des localités et des conditions de l'opérateur
et de l'opéré, sur la mortalité après les amputations. Il ne nous serait pas possible, sans excéder
les limites que nous nous sommes imposées dans
ce travail, d'exposer d'une manière même sommaire, les consciencieuses recherches de M. Malgaigne, nous nous bornons à transcrire ici ses conclusions. « L'impression, dit-il, que j'ai reçue moi-
même de mon travail a été fort triste. Les progrès
de la chirurgie moderne paraissent moins bien
brillants, mesurés à cette échelle effroyable de
mortalité. Encore cependant ai-je enlevé aux chiffres un peu de leur rigueur ; ainsi j'ai compté

(1) *Archives générales de médecine*, année 1842.

comme guéris tous les amputés qui n'étaient pas
morts et il s'en faut que ces guérisons prétendues,
puissent toutes être comptées parmi les succès de
l'art; plus d'une amputation n'est point arrivée à
la cicatrisation complète; plus d'un malade sorti
prématurément est rentré plus tard dans le même
hôpital ou dans un autre, pour y subir de nouvelles opérations et souvent y mourir. Je ne devais
pas omettre ce dernier trait de ce lugubre tableau;
il fallait dévoiler en entier cette plaie profonde,
et non soupçonnée de notre chirurgie; maintenant
les maîtres sont avertis et mis en demeure d'y
pourvoir. »

Le mémoire de M. Malgaigne commence déjà à
porter ses fruits dans la capitale, car on fait moins
d'amputations depuis deux ans; espérons que la
pratique et la sage réserve des thebib arabes,
seront prises en considération par nos chirurgiens
de l'armée.

APPAREILS ET BANDAGES.

Les Thebib excellent également dans la réduction des luxations et des fractures, et dans l'application des appareils et des bandages; l'appareil
pour les fractures consiste en une peau de la largeur du membre fracturé; on pratique sur cette
peau des trous suivant une ligne perpendiculaire,

et dans ces trous on introduit une lame verte de roseau, de fenouil ou de bois flexible pour chaque colonne; on forme ainsi un appareil complet pouvant servir à la fois d'attelle et de bandage.

Avant d'appliquer l'appareil on a soin d'entourer la partie fracturée d'une toile huilée et de quelques fragments de laine et d'étoupes. L'appareil est fixé à l'aide de trois garots, dont deux sont appliqués à ses extrémités, et le troisième au milieu; ces trois garots permettent de serrer le bandage sans secouer fortement le membre fracturé : afin de prévenir les ankyloses, les thebib ne comprennent jamais les deux articulations de l'os dans l'appareil. Lorsque la fracture est compliquée de blessures, on pratique sur l'appareil des ouvertures pour mettre à nu les orifices de la plaie, soit avec la sonde de miel dont nous avons parlé plus haut, soit à l'aide d'autres moyens, suivant les indications.

Dans quelques contrées de l'Algérie, l'appareil pour les fractures est composé de planchettes de palmier assujetties sur un morceau de peau de chameau ou de mouton, qu'on solidifie avec un amalgame d'étoupes et de mousse, quelquefois de terre glaise et de filasse. Dans les cas de fracture simple on emploie un appareil inamovible composé de poils de chameau ou d'étoupes aglutinées avec de la farine ou du blanc d'œuf; le tout mélangé avec la poudre ou la solution de henné, qui a le double avantage d'agir comme astringent sur les parties lésées, et de consolider la peau par le tannage.

RAGE.

En Afrique, la rage est moins fréquente qu'en Europe; les arabes mordus vont chercher les marabouts ou les mdaouï pour se faire guérir. On emploie le plus ordinairement des cautérisations avec le fer rougi à blanc et des incisions dans lesquelles on introduit des onguents et quelquefois de la graisse et une mèche de laine de mouton.

Dans les simples morsures, lorsque les chiens ne sont pas soupçonnés de rage, on applique sur la blessure une mèche de poil tiré du chien qui vient de mordre. Nous ne savons pas quelle est la *propriété médicinale* de ces poils, toujours est-il que cette pratique est mise en usage encore aujourd'hui dans quelques contrées de la Sicile, occupée, comme on sait, par les Arabes pendant deux siècles.

Il en est de même des feuilles grasses du *cactus opuntia*, cuites dans des cendres chaudes, que les siliciens, comme les arabes, appliquent sur les articulations affectées de goutte ou de rhumatisme articulaire.

ACCOUCHEMENTS.

L'art des accouchements est la partie médicale

la plus arriérée en Afrique ; si dans les villes civilisées la plupart des accouchements se terminent par les seuls secours de la nature, chez une nation, qui par ses usages et la simplicité de ses mœurs patriarcales se rapproche beaucoup des peuples primitifs, les accouchements laborieux doivent être nécessairement très rares. Mais lorsque ces cas se présentent, jamais une femme arabe quelles que soient ses souffrances pendant le travail, n'appelle un thebib pour la délivrer. Voici les moyens qu'on emploie le plus souvent. La *kabla*, matrone ou sage femme, fait semblant de faire boire aux malades un breuvage composé d'excréments et de matières animales en putréfaction dissoutes dans de l'eau croupie ; cette boisson infecte approchée des lèvres de la femme en travail, lui donne des nausées, provoque des efforts de vomir, le diaphragme et la matrice se contractent, et l'accouchement a lieu.

Généralement les femmes indigènes, pour accoucher, s'asseyent sur une espèce de chaise, se tenant par les deux mains à une corde fixée au plafond ou au sommet d'une tente, tandis qu'une kabla placée derrière, comprime le ventre de haut en bas avec une serviette pliée en long.

D'autres fois on fait coucher la malade sur le dos et l'on fait manœuvrer sur son ventre un petit moulin à bras, qui sert à moudre le blé ; la pression de la meule inférieure d'une part, et de l'autre, les mouvements imprimés à cette meule par le levier en fer de la meule supérieure, compriment et irritent tellement la matrice, que la mère et l'enfant succombent quelquefois à cet usage barbare.

HERNIES.

La réduction des hernies se pratique avec une merveilleuse facilité par les mdaouï arabes ; mais quelquefois ils se trompent de diagnostic, et les accidents les plus graves sont la suite de leurs manœuvres. Un individu étant affecté de hernie, appela un mdaouï juif, qui a la réputation de guérir les hydrocèles et, qui prenant probablement cette hernie pour un hydrocèle, lui fit une large ponction avec une lancette ; mais au lieu de sérosité il retira une notable quantité d'excréments, puis il réduisit la hernie sans se douter certainement de ce qu'il venait de faire ; le malade a parfaitement guéri, et nous l'avons vu à Alger, vendant du poisson. Que de grands médecins par une pareille méprise auraient compromis leur réputation et la vie du malade !...

ALIÉNATION MENTALE.

Dans tout l'Orient la folie est généralement regardée comme une maladie sacrée envoyée aux hommes par la divinité ou par quelques bons ou mauvais génies.

Comme dans les contrées orientales, en Afrique le nombre des fous est beaucoup inférieur à celui de l'Europe ; l'absence des causes physiques et morales, qui produisent fréquemment la folie dans les pays civilisés, explique cette différence. Ainsi la torpeur des facultés intellectuelles, l'insouciance de l'avenir, le seul désir de ne satisfaire que les besoins physiques, un régime alimentaire sobre et méthodique, et surtout l'abstinence de liqueurs fermentées, doivent nécessairement préserver les arabes des aberrations des facultés mentales. Nous avions déjà écrit ces lignes lorsque une observation publiée tout récemment par un journal d'Afrique, (1) est venue confirmer par de tristes détails l'influence de l'abus des liqueurs alcooliques dans la production de la folie. « Quatre officiers, dont deux de santé, viennent d'être envoyés en France, atteints d'aliénation mentale. L'origine de leur maladie a été l'abus des liqueurs, notamment de l'absinthe. L'usage immodéré qu'on fait en Algérie de cette dernière boisson, peut-être considéré comme une véritable calamité publique, etc. » Peut-on maintenant avoir une raison plus décisive de la rareté de l'aliénation mentale chez les Musulmans, lorsqu'on sait que la religion leur impose l'abstinence de boissons fermentées ?

L'influence qu'exerce la civilisation sur la pro-

(1) L'*Akhbar*, Alger, 25 décembre 1844.

duction de la folie n'est plus un doute pour personne. Dès l'année 1830, M. Brièrre de Boismont, dans un mémoire lu à l'Académie des sciences et publié dans les *Annales d'hygiène*, a démontré que le développement de la folie suivait les progrès, ou pour parler plus convenablement, les abus de la civilisation. Là où le champ est laissé libre aux esprits, les imaginations abandonnées à elles-mêmes, la folie est très commune, tandis que dans les pays despotiques, en Afrique, en Asie où les passions sont comprimées, le nombre des aliénés va toujours en diminuant.

Ajoutons aux causes morales et physiques qui contribuent à rendre l'aliénation mentale très rare en Afrique, la condition favorable des peuples nomades répandus sur de vastes territoires. Des recherches faites en Europe, et spécialement en Italie, sur la fréquence de l'aliénation mentale, tendent à démontrer que cette affection est d'autant plus commune que la population est plus agglomérée. A mesure que l'étendue du pays s'agrandit, on dirait que les cas de folie deviennent plus rares proportionnellement au nombre des habitants.

Comme les Turcs, les Arabes sont très indulgents pour les aliénés tranquilles ; ils les cachent dans le sein de leur famille, les entourent de soins et de respect et souvent même d'une espèce de culte ; et ce n'est que dans les cas rares de folie furieuse, qu'on songe aux moyens de répression.

On lit dans l'ouvrage d'Esquirol (1), que c'est
dans Léon l'Africain que se trouvent les premières
notions sur la séquestration des aliénés. Il existait
à Fez en Afrique, au VIIe siècle, dans l'hôpital de
cette ville, un quartier spécial pour les fous qui
étaient contenus par des chaînes ; et maintenant,
tandis que les asiles d'aliénés se sont multipliés
en Europe, ils ont presque disparu de l'Afrique ;
sans doute, la rareté de la folie a puissamment
contribué à ce résultat.

Tant qu'un aliéné est inoffensif, dit notre honorable ami et confrère M. Moreau (de Tours), dans
son excellent article *sur les aliénés en Orient*, (2)
les Musulmans le vénèrent et le choisissent comme
un favori d'Allah ; s'il est furieux, c'est un mauvais
génie qui l'agite et le possède ; ils le respectent
encore, mais ils songent à se mettre à l'abri de ses
fureurs. Les idiots, les imbéciles et les déments,
ont la plus large part dans leur vénération et leurs
hommages respectueux, dont l'intensité est, comme on le voit, en raison directe de la dégradation
qui pèse sur l'intelligence d'un individu.

Nous n'avons pas pu nous procurer des renseignements précis sur l'espèce de folie qu'on observe
plus particulièrement en Algérie, et sur les causes
physiques et morales qui la produisent ; car, ex-

____

(1) *Des maladies mentales*, tome 2, page 433.
(2) *Annales médico-psychologiques*, janvier 1843. — Ce travail est le
seul que la science possède sur l'aliénation mentale en Orient.

cepté quelques fanatiques presque idiots, il nous a été impossible de voir de véritables fous dans les provinces et dans les tribus que nous avons parcourues.

Un fait qui paraît digne de remarque, c'est que, dans la folie religieuse, laquelle se montre le plus fréquemment chez les Orientaux, nous n'ayons jamais appris qu'on ait observé cette perversion de l'intelligence, si fréquente dans les hospices d'aliénés de l'Europe, je veux parler de la *théomanie*. En Afrique, un *Santon* use son temps et son esprit à des pratiques insensées et superstitieuses, mais il n'en vient pas à se croire Dieu lui-même.

Dans un petit douar des environs de Misser-Guia, nous avons rencontré un marabout qui faisait des *ordonnances* pour guérir un maure affecté de fièvre intermittente; il traçait sur un papier mystérieux des carrés magiques, et quelques lignes du Coran, entre autres les versets de la première Sourate qu'on récite très souvent et auxquels les musulmans attribuent des vertus merveilleuses et surtout le pouvoir de guérir une foule de maladies; ce qui a fait donner à cette sourate le nom de *al-chafiata* ou la guérisseuse.

Nous avons demandé à ce marabout son opinion sur les causes et le siége de la folie; ayant commencé par nous expliquer comment un grand nombre de causes occultes présidaient aux phénomènes de la vie, il nous a développé ensuite les idées de l'intervention du démon ou du mauvais génie dans l'exercice des facultés de l'homme. Malgré son ignorance complète des notions, même les plus élémentaires de psychologie, son récit décélait un croyant aux convictions fortes et sincères; le langage de ce fanatique ne nous a point surpris, mais quel fut notre étonnement, lorsqu'une année plus tard, nous avons lu, dans un journal, l'apologie des doctrines de l'intervention du démon dans les facultés de l'homme. Voici quelques lignes destinées à servir de *guide* à l'étude et au traitement des maladies mentales.

« ..... Ils traiteront des phénomènes surnaturels, des opérations magiques, des possessions diaboliques; matière de haute philosophie trop négligée dans ce siècle d'aveuglement et d'ignorance dans les choses spirituelles ou surnaturelles..... Pour faire le discernement des phénomènes surnaturels, il faut avoir étudié la matière dans les auteurs éclairés sur les choses surnaturelles. Les hommes qui poussent l'ignorance et l'incrédulité jusqu'à nier l'existence des démons répandus dans l'air et la réalité de la magie, ne sauront jamais faire ce discernement, et seront toujours dupes de leur ignorance et des ruses des démons..... mais ces prétendues guérisons que l'ignorance et le charlatanisme font sonner si haut (on parle ici des honorables médecins qui se vouent au traitement des aliénés), ne sont que de fausses guérisons, parce que le démon revient ordinairement après un certain laps de temps. Pour traiter un possédé selon les règles de la science et de l'expérience, il faut *un saint exorciste*, etc., etc..... »

Ces doctrines extravagantes signalées et réfutées par M. Bouchet, médecin en chef de l'asile des aliénés de Nantes, forment la base du traitement dans les établissements d'aliénés, dirigés par les communautés religieuses des frères Saint-Jean-de-Dieu, et des frères hospitaliers de Saint-Augustin.

On voit qu'il ne s'agit plus ici d'un marabout ou d'un prêtre du moyen-âge ; ce n'est plus sous le règne de Catherine de Médicis, mais c'est en plein dix-neuvième siècle, dans des établissements presque publics et dans un journal français (l'*Éclaireur du Midi*), qu'on a osé proclamer des doctrines dont la propagation ne tendrait à rien moins qu'à ramener les esprits faibles au dogme absurde du fatalisme et de l'extase contemplative.

Disons-le à l'honneur du fanatique Musulman, il avait mis dans son argumentation moins d'outrecuidance et d'exagération, et il avait eu, sans s'en douter, plus d'égard pour les préceptes de la science et plus de respect pour les idées libérales et progressives de notre époque.

FIN.

TABLE DES MATIÈRES.

A

B

C

E

F

P

R

S

FIN DE LA TABLE DES MATIÈRES.

www.ingramcontent.com/pod-product-compliance
Lightning Source LLC
Chambersburg PA
CBHW061125220326
41599CB00024B/4172